VIN-WIN-BEZIEHUNG?

Kurt Langbein
Elisabeth Tschachler

DAS VIRUS IN UNS

KURT LANGBEIN
ELISABETH TSCHACHLER

DAS VIRUS IN UNS

MOTOR DER EVOLUTION

MOLDEN

DAS VIRUS IN UNS

Vorwort

Gesundheitsthemen stehen seit Jahrzehnten im Mittelpunkt unserer Arbeit als Journalisten. Das Wissen um Krankheit und Gesundheit hat sich enorm erweitert. Heute ist klar, dass nicht die Gene allein, sondern durch unser soziales Zusammenleben und unsere Umwelt geprägte epigenetische Faktoren darüber entscheiden, ob wir krank und auch wieder gesund werden. Und wir wissen eine Menge über die Ursachen der großen Killer der Menschheit wie Herzinfarkt, Krebs, Schlaganfall und Diabetes, im Globalen Süden auch Malaria.

Aber an den Ursachen – meist sind es Lebensumstände im weitesten Sinn – hat sich wenig zum Guten verändert. Oft haben wir uns gewünscht, dass die Regierungen konsequent auf diese Erkenntnisse reagieren, dem weisen Spruch des bedeutenden Mediziners Rudolf Virchow folgend: »Politik ist nichts weiter als Medizin im Großen.«

Beim SARS-Coronavirus 2 hat die Politik reagiert wie nie zuvor. Gegen die eigenen Maximen der freien Marktwirtschaft wurde alles stillgelegt, gegen die Grundsätze der Verfassungen wurden fast alle Bürgerrechte aufgehoben. Das hat wirtschaftliche, soziale und auch gesundheitliche Folgen, deren Ausmaß wir gerade erst zu erahnen beginnen.

War die Reaktion der meisten Regierungen auf das neue Virus zumindest gute Medizin im Großen? Es ist nicht erkennbar, dass diese Lockdowns viele Leben gerettet hätten – Belgien, Spanien, Italien gehörten zu den ersten Ländern, die alles und alle sehr früh und mit großer Konsequenz blockierten, und diese Länder beklagen dennoch mehr oder gleich viele Tote durch Covid-19 wie Schweden, das Wirtschaft, Kultur, Bildung und Zusammenleben weitgehend offen hielt. Umgekehrt haben Länder wie Südkorea oder Taiwan ohne Lockdown wenige Infizierte und Tote zu beklagen, ähnlich wie Österreich, Deutschland oder Norwegen mit Lockdown.

Es waren überwiegend andere Umstände, die die Schwere der Erkrankungen beeinflussten. Denen sind wir nachgegangen und davon werden wir im Folgenden erzählen.

Noch wichtiger ist uns allerdings, zum Verständnis beizutragen, welch wichtige und positive Rolle Viren in allem Leben spielen. Die Koexistenz zwischen Viren und Zellen ist der Motor der Evolution und hat auch uns hervorgebracht. Doch wir stören diese Koexistenz so tiefgreifend, dass Pandemien unausweichlich werden. Das zu verstehen bringt ein neues Denken hervor: Statt Viren zu jagen, können wir ergründen, was zu tun ist, um den Übergang einzelner Mikroben auf den Menschen zu verhindern. Wenn diesen Erkenntnissen auch Taten folgen, würde das die Lebensgrundlagen der nachfolgenden Generationen ebenso erhalten wie die Eindämmung der Klimakatastrophe.

Immerhin: Die Politik hat bewiesen, dass sie handlungsfähig ist – auch gegen massive ökonomische Zwänge.

Wien, im August 2020
Kurt Langbein, Elisabeth Tschachler

1

Ground Zero

Die offizielle Geschichte vom Übergang des SARS-Coronavirus 2 auf den Menschen ist fragwürdig. Wahrscheinlich ist es schon im Herbst 2019 auf den Menschen übergesprungen. Doch identifiziert wurde es erst zum Jahreswechsel.

Wuhan: Wie die Pandemie begann

Ende Dezember 2019 ist es in der Elf-Millionen-Stadt Wuhan im Nordosten Chinas noch geschäftiger als sonst. Viele Menschen bereiten sich auf das Neujahrsfest Ende Januar vor, Geschäfte und Märkte sind gut besucht. Die Luft ist schwer von Schadstoffen wie Stickoxiden und Schwefeldioxid, auch der omnipräsente Feinstaub macht sich bemerkbar: Selbst an schönen Tagen ist es düster, die Sonne ist nur als rötliche Scheibe sichtbar.

Am 26. Dezember kommt eine ältere Frau mit Fieber und Atembeschwerden in eine Wuhaner Klinik. Nichts Ungewöhnliches, es ist Grippezeit und da gibt es solche Erkrankungen häufig. Aber die Computertomografie zeigt eine schwere, außergewöhnliche Lungenentzündung. Ein zweiter Patient mit ähnlichen Symptomen wird kurz darauf eingeliefert. Auch in anderen Krankenhäusern der Metropole werden solche Fälle registriert und der Behörde gemeldet. Das ist Pflicht seit dem SARS-1-Ausbruch 2002 – SARS steht für »Severe acute respiratory syndrome« –, als ein Coronavirus, ausgehend von China, ähnlich schwere Atemwegserkrankungen auslöste. Wuhan war damals stark betroffen. »Ausbruch einer rätselhaften Lungenerkrankung in Wuhan nährt Verdacht einer neuen Sars-Welle«, titelt die Wissenschaftszeitschrift »Caixing« am 31.12.2019.[1]

Zum Jahreswechsel bringen Analysen der Körperflüssigkeit der Patienten Klarheit: Es handelt sich um eine Virusinfektion, um ein SARS-Coronavirus. Jedoch keines der bis dahin bekannten.[2] Der Großteil der zu dieser Zeit erkannten Erkrankten war davor auf dem zentralen Fischmarkt, deshalb wird dort der »Patient null« vermutet. Das Coronavirus dürfte am oder um den Markt von Fledermäusen auf den Menschen übergegangen sein.

Am 7. Januar bestätigt der chinesische Virologe Xu Jianguo, dass es sich bei dem neuartigen Virus um ein neues Coronavirus handelt. Doch am 10. Januar wird diese alarmierende Information wieder relativiert: Wang Guangfa, ein Vertreter des aus Peking nach Wuhan entsandten Untersuchungsteams, erklärt im staatlichen Fernsehen, dass das Virus »nicht von Mensch zu Mensch übertragbar« und »unter Kontrolle« sei.[3] Bittere Ironie dabei: Dr. Wang Guangfa war zu diesem Zeitpunkt bereits selbst infiziert und erkrankte wenig später. Die Ärzte, die schon Anfang des Monats von einer Epidemie gesprochen haben, werden ermahnt, zu schweigen.

Doch einzelne Klinikärzte verfolgen weiter die Spur der Infektion und wehren sich gegen Vertuschung und Zensur, als sie die Anomalie der Erkrankungen erkennen und das Ausmaß der Gefahr begreifen. Um die Öffentlichkeit zu warnen, setzen Doktoren wie Ai Fen und Li Wenliang ihre Karriere aufs Spiel – sie werden unter Drohungen mundtot gemacht.

Zu dieser Zeit dürfte es schon einige tausend Infizierte in Wuhan gegeben haben, vermuten amerikanische Wissenschaftler.[4] Und die Infektion verbreitete sich in der pulsierenden Metropole rasch. Aus Handydaten wurde errechnet, wie rasch: An einem einzigen Tag verließen 175.000 Menschen die

Millionenstadt, viele davon über den Hauptbahnhof, einige hundert Meter vom Fischmarkt entfernt.

Im anfänglichen Chaos rund um die Epidemie können sich manche Wissenschaftler in der betroffenen Region auch offen äußern. Und die Zivilgesellschaft ist übers World Wide Web aktiv.

»Selbst eine gewöhnliche Bürgerin wie ich hatte bereits von der Ansteckungsgefahr des neuen Virus gehört und trug ab dem 18. Januar eine Schutzmaske«, schreibt die in Wuhan lebende Schriftstellerin Fang Fang in ihrem Tagebuch, das inzwischen als Buch erschienen ist. »Und die Medien? Am 19. Januar berichteten sie begeistert vom ›Festmahl der 10.000 Familien‹, am 21. Januar über die riesige Neujahrsgala in Anwesenheit der Führungspersönlichkeiten. Tag für Tag erfreute sich die missgeleitete Bevölkerung an den üppigen Festlichkeiten einer ›Welt in Frieden und Wohlstand‹, ohne ein Wort der Warnung.«[5]

Erst am 22. Januar erklärt die Regierung die schweren Erkrankungen als Folge einer Epidemie und warnt die Bevölkerung. Am 23. Januar dann der absolute Lockdown für die gesamte Provinz Hubei mit 37 Millionen Bewohnern: Ausgangssperre, Stilllegung der öffentlichen Verkehrsmittel und der Produktion, alle Lokale und Geschäfte geschlossen. Die Zahl der mit dem neuen Coronavirus positiv Getesteten steigt auf 876 und die Krankenhäuser melden, dass bereits 26 Patienten an der schweren Lungenerkrankung gestorben sind.[6]

Jetzt geht es Schlag auf Schlag. Mehr als 6000 Mediziner und Pfleger werden in die Krisenprovinz geflogen, riesige Behelfs-Kliniken errichtet. Aber das Virus verbreitet sich rasant, täglich werden mehr als 3000 Infektionen festgestellt.

»Es ist vorbei. Er kann nicht atmen«, sagt die Frau verzweifelt. Ihr Vater liegt in einem Krankenbett im Hospital Nr. 5 der Metropole Wuhan. »Es gibt keine Lebenszeichen mehr.« Der Blogger Fang Bin zeichnet die traurige Szene auf Video auf.

Vor dem Krankenhaus filmt er in einem Kleinbus acht gelbe und orange Säcke mit Leichen. Er will die Wahrheit in den überfüllten Krankenhäusern der schwer von der Lungenkrankheit betroffenen Provinzhauptstadt von Hubei ans Tageslicht bringen, stellt seine Aufnahmen ins Internet; seine Bilder von überforderten Krankenhäusern. Ein anderes Video auf Twitter zeigt die gleichen gelben und orangen Leichensäcke in einem unbekannten Hospital in Wuhan auf dem Boden direkt neben Betten mit Kranken – selbst auf Sitzen im Wartesaal, wo auch Patienten warten. In Schutzanzügen vermummte Krankenpfleger können sich gar nicht mehr um alles kümmern.[7]

Am 4. Februar schließlich die offizielle Selbstkritik: Chinas Führung räumt »Unzulänglichkeiten und Defizite« in der Reaktion auf den Ausbruch der neuartigen Lungenkrankheit ein. Nach einem Treffen unter Vorsitz von Staats- und Parteichef Xi Jinping lässt das Politbüro nach Angaben des Staatsfernsehens mitteilen: »Wir müssen die Erfahrungen zusammenfassen und Lehren daraus ziehen.« Das nationale Krisenmanagement müsse verbessert werden.[8]

Die Regierung versucht zu retten, was sich retten lässt. Es ist ein nie dagewesenes Experiment. 37 Millionen Menschen eingekesselt, eine hermetische Abriegelung dieses Ausmaßes hat es in der Menschheitsgeschichte nicht gegeben. Europas Politiker schauen mit Skepsis und Ablehnung auf diesen Lockdown, der so wohl nur in einer Diktatur möglich ist. »Wer eine Stadt wie das chinesische Wuhan mit elf Millionen Einwohnern unter Quarantäne stellt, der wirkt so, als wolle er die Biopolitik der Pestzeit einfach hochskalieren für die Ära der Megacitys«, schreibt Jörg Häntzschel in der »Süddeutschen Zeitung« am 31. Januar, »andererseits waren insgeheim wohl dennoch viele erleichtert darüber, dass Peking zu diesem harten Mittel griff, dass es per Erlass die Menschenrechte Millionen gesunder Menschen über Nacht radikal einschränkte.« Und schließt prophetisch: »Die Wahrheit ist: So drakonisch und ineffektiv die Maßnahme auch erscheint – Millionen flohen kurz vor dem Lockdown aus der Stadt –, und so viel Zeit auch verloren ging, weil anfangs niemand wagte, die ersten Fälle zu melden, so zeitgemäß ist sie.«[9]

Wo kommt das Virus wirklich her?

In den ersten Februartagen 2020 sind außerhalb von Festland-China bereits in mehr als zwei Dutzend Ländern über 270 Infektionen und zwei Todesfälle bestätigt. In Deutschland gab es den 14. positiv Getesteten. Der Erreger wurde bei der Frau eines Infizierten aus Bayern nachgewiesen.

Inzwischen wird die offizielle Geschichte von der Herkunft des Virus vom Fischmarkt in Wuhan immer mehr infrage gestellt. Auf diesem Markt, von den Medien inzwischen meist »Wildtiermarkt« genannt, soll das Coronavirus von illegal verkauften Tieren auf den Menschen übertragen worden sein – der Ausgangspunkt einer Pandemie. So stellte es Chinas oberster Seuchenschützer Gao Fu am 22. Januar bei einer Pressekonferenz dar. Den Markt hatten die Behörden drei Wochen zuvor geschlossen, die Waren vernichtet.

Zur selben Zeit verfassen Botao Xiao und sein Kollege Lei Xiao eine Studie, die kurz Aufsehen erregen sollte. »Die Fledermäuse, von denen das neue Virus auf den Menschen überging, leben in Yunnan, 900 Kilometer von Wuhan entfernt«, schreiben die beiden Biologie-Professoren an zwei verschiedenen Universitäten im Wissenschaftsportal »Researchgate«.[10] Es seien nur einige der Erst-Infizierten tatsächlich auf dem Markt gewesen, und Befragungen hätten ergeben, dass keine Fledermäuse auf dem Markt verkauft wurden. Allerdings steht nur 280 Meter vom

Markt entfernt ein Labor des »Zentrums für Seuchenbekämpfung und Prävention«, wo mit Coronaviren und Fledermäusen als Wirtstieren geforscht wird. Die Tiere werden dort obduziert, die Viren analysiert, berichten die Forscher, es herrsche dort lediglich Sicherheitsstufe zwei von vier. Es sei daher wahrscheinlich, dass das Virus entweder durch Verunreinigung oder durch einen infizierten Labormitarbeiter in die Stadt und zum Fischmarkt gelangt sei.

Einen Tag später ist die Publikation gelöscht, auch das Profil von Professor Botao Xiao von der South China University of Technology ist verschwunden. Er erklärt später in einem Telefonat mit dem »Wall Street Journal«, er habe die Arbeit zurückgezogen, weil es an Beweisen für den Verdacht fehle.[11] Allerdings hatte eine andere chinesische Forschergruppe im angesehenen Fachblatt »The Lancet« schon Ende Januar Ergebnisse publiziert, die ebenfalls die Markt-These infrage stellen. Die erste positiv getestete Covid-19-Patientin sei bereits am 1. Dezember erkrankt und habe keinerlei Kontakt zum Fischmarkt gehabt, schreiben sie.[12] Und von den ersten 47 Erkrankten hätten sich lediglich 27 auf dem Markt aufgehalten.

Europa bleibt gelassen

Noch am 20. Januar sagt einer der erfahrensten Virologen, John Oxford von der Queen Mary University of London: »Ich bin immer noch nicht sehr besorgt. China hat aufgrund von Sars 1 Erfahrungen mit solchen Coronaviren.«[13] Und am 22. Januar beschwichtigt der Präsident des deutschen Robert-Koch-Instituts, Lothar H. Wieler, das Gesundheitsrisiko für die Bevölkerung sei derzeit »eher gering«. Obwohl das Virus offenbar von Mensch zu Mensch übertragen werden könne und die Möglichkeit bestehe, dass Erkrankte nach Deutschland einreisen, sagt

Wieler: »Allerdings ist die Übertragungsrate nicht kontinuierlich, nach dem jetzigen Wissensstand. Wir gehen also davon aus, dass nur wenige Menschen von anderen Menschen angesteckt werden können.«[14] Auch der deutsche Bundesgesundheitsminister Jens Spahn meint am 23. Januar: »Das Infektionsgeschehen ist deutlich milder, als wir es bei der Grippe sehen.«[15] Am 24. Januar werden die ersten drei Infizierten aus Frankreich gemeldet. Damit ist die Krankheit in Europa gelandet. Ende Januar treten die ersten Fälle in Deutschland auf – die meisten tatsächlich mit einem milden Krankheitsverlauf.

Am 29. Januar kommt der Gesundheitsausschuss im Deutschen Bundestag zusammen. Das Thema Coronavirus ist Tagesordnungspunkt 5.b – am Ende der Sitzung. Wieler beklagt die »mangelhafte Informationspolitik Chinas«. Es sei immer noch nicht genau geklärt, wie das Virus übertragen werde.[16]

Für den Krisenfall gibt es ein Papier aus dem Jahr 2012: »Bericht zur Risikoanalyse im Bevölkerungsschutz«.[17] Darin steht, was zunächst bei Pandemiegefahr nötig ist: rasche Diagnose, Eingrenzen der Kontaktpersonen und Quarantäne aller Verdachtsfälle. Und falls die hohen Fallzahlen dies nicht mehr möglich machen: Schulen schließen, Großveranstaltungen absagen, Schutz des medizinischen Personals.

Davon ist in dieser Sitzung laut Protokoll keine Rede. Der Gesundheitswissenschaftler Gerd Glaeske von der Universität Bremen hält das für ein Versäumnis: »Im Prinzip hat man diesen Bericht nicht ausreichend zur Kenntnis genommen und hat letzten Endes nicht darauf reagiert, dass man längst Vorkehrungen getroffen hat für die nächste Epidemie oder Pandemie.«[18]

Die drastischen Maßnahmen der chinesischen Regierung werden als diktatorisch kritisiert – auch von Publizisten, die später die europäischen Lockdowns hochleben lassen. »Dass die Weltgesundheitsorganisation diesen schweren Eingriff in die Freiheitsrechte von Millionen ohne Weiteres unterstützt, ist eine Schande«, schrieb etwa Lea Deuber in der »Süddeutschen«. »Niemand will gerne krank werden. Aber China ist in der Lage, eine solche Entscheidung zu treffen, weil die Menschen kein Mitspracherecht haben. Dass die Staatengemeinschaft das ausnutzt, ist unwürdig.«[19] Und weiter: »Die Entscheidung hat zu Panik geführt. Sinnvoll wäre es gewesen, die Menschen aufzufordern, zu Hause zu bleiben. Nun stürmen sie die Krankenhäuser, weil sie nicht mehr einschätzen können, wie gefährlich das Virus wirklich ist. Die Isolation hat die Menschen nicht geschützt. Sie hat sie in Gefahr gebracht.«[20]

Im österreichischen Innenministerium tagt am 26. Januar ein Einsatzstab zur weiteren Vorgehensweise zum Thema Coronavirus. Im Anschluss an die Lagebesprechung treten Innenminister Karl Nehammer (ÖVP) und Gesundheitsminister Rudolf Anschober (Grüne) vor die Presse. »Es gibt absolut keinen Grund zur Panik«, sagt Anschober.[21]

Italien: Die Welle schwappt nach Europa

»Das war der Punkt, an dem wir nervös wurden«, sagt der Intensivmediziner Maurizio Cecconi.[22] Er meint den 20. Februar 2020. In Codogno, einer Stadt mit knapp 16.000 Einwohnern in der Region Lombardei etwa 60 Kilometer südöstlich von Mailand, ist an jenem Tag ein 38-jähriger Mann mit schwerer Atemnot in die Intensivstation eingewiesen worden.

Es ist feuchtkalt in der Lombardei, der Smog verhindert gelegentlich sogar die Landung von Flugzeugen in Mailand. Die Grippewelle ist spürbar in den Kliniken, wie jeden Spätwinter. Ältere und kranke Menschen sterben um diese Zeit regelmäßig häufiger. Aber der neue Patient in Codogno ist jung und ohne Vorerkrankungen, ein ungewöhnlicher Fall. Als die konventionellen Behandlungsmethoden gegen Lungenentzündung nicht anschlagen, werden die Ärzte hellhörig. Und tatsächlich: Der Test auf SARS-CoV-2 ist positiv. Die Ärzte recherchieren sofort in seinem Umfeld: Der junge Mann hat zwei Wochen zuvor einen Freund getroffen, der aus China eingereist ist.

Um diese Zeit kehrten etwa 10.000 Menschen von den chinesischen Neujahrsfeiern in die Textilzentren der Lombardei zurück. 50.000 Chinesen nähen dort für die trendigen Modelabels Norditaliens zu günstigen Preisen, die meisten seit vielen Jahren, sie sind längst italienische Staatsbürger.

Intensivmediziner Cecconi, der Leiter des »COVID-19 Lombardy ICU Network«, lässt sofort die Patienten in anderen Intensivstationen testen. 38 von ihnen waren infiziert, hatten aber keinen Kontakt mit »Patient 1« gehabt. Sie mussten sich also bei anderen Personen angesteckt haben. Nun ist klar, dass das Virus schon massiv im Umlauf sein muss und eine dramatische weitere Ausbreitung wahrscheinlich ist.

Die Politiker der Region fordern einen *shut down* in den betroffenen Gemeinden. Menschen mit Fieber oder Husten strömen besorgt in Scharen in die Klinik-Ambulanzen, um sich testen zu lassen und Hilfe zu erhalten.

Inzwischen stellte sich heraus, dass »Patient 1« bereits am 16. Februar bei der Notaufnahme der Klinik mit hohem Fieber und Grippesymptomen vorstellig wurde. Nach einer Untersuchung schickte man den »grippekranken« Mann allerdings wieder nach Hause.

Drei Tage später wurde er von seiner Ehefrau, die im achten Monat schwanger und inzwischen auch infiziert war, abermals in die Klinik von Codogno gebracht – mit noch höherem Fieber und akuter Atemnot.

Dem Spitalspersonal fehlte weitgehend Schutzkleidung. Bald stellte sich heraus, dass auch Dutzende Ärzte und Spitalsmitarbeiter infiziert waren – inzwischen sind es Tausende. Pensionierte Ärzte wurden zu Hilfe gerufen – von ihnen sollten besonders viele sterben. Weil die Kliniken in der Region bald voll waren, wurden Patienten mit leichteren Symptomen in Pflegeheimen untergebracht, was dort zu massiven Ansteckungen des ungeschützten und wegen Sparmaßnahmen im Zuge vorangegangener Privatisierungen schlecht ausgebildeten Personals und der anderen Insassen führte.

Erst am 23. Februar riegelte Italien die betroffenen Gebiete ab. Trotz harter Quarantäne-Maßnahmen stieg die Zahl der Infizierten rasant. Heute ist bekannt: Etwa die Häfte der Covid-19-Erkrankten in Italien hat sich im Krankenhaus angesteckt.

Weil dort überwiegend alte und schwerkranke Menschen liegen, war bald auch die Sterblichkeit der neuen Viruserkrankung mit 5,8 Prozent viel höher als in China. Die Erfahrungen in Wuhan hatten gezeigt, dass fast nur Menschen über 65 mit Krebs, Herz- oder Lungenerkrankungen durch Covid-19 einer tödlichen Gefahr ausgesetzt sind.

Bis zum 26. Februar waren in Italien 374 Menschen mit dem Virus angesteckt, zwölf davon waren gestorben. Die Lombardei ist eine der reichsten Regionen der Welt. Aber die Politik der vergangenen Jahrzehnte hat Spuren hinterlassen, es fehlte an allem: Intensivbetten wurden knapp, Schutzkleidung war nicht vorrätig. Weil inzwischen Deutschland und Österreich die Grenzen geschlossen hatten, kamen Lieferungen mit der lebenswichtigen Schutzkleidung erst drei Wochen später an.

An diesem 26. Februar appellierte EU-Gesundheitskommissarin Stella Kyriakides an die Mitgliedsstaaten der Union, die Pandemiepläne zu aktivieren und anzupassen. »Noch befinden wir uns in der Eindämmungsphase«, betonte die griechische Politikerin. Aber es wurde nichts eingedämmt.

»Wir haben es vergeigt. Wir haben zu spät begonnen zu bremsen«, sagt auch Alexander Kekulé, Professor für Virologie an der Universität Halle-Wittenberg.[23] Er hat genau an diesem 26. Februar der deutschen Regierung vorgeschlagen, in allen Kliniken Patienten mit verdächtigen Symptomen testen zu lassen. »So hätten wir sichergestellt, dass kein größerer Ausbruch unentdeckt bliebe.«

Deutschlands Politiker verzichteten zunächst auf Ausgangssperren. Virologe Kekulé findet das sinnvoll: »Wenn die Sonne scheint, sollen die Leute raus, da sind die Viren im Eimer, die lieben Innenräume. Wenn sie die Leute einsperren, machen sie genau das Falsche. Auch aus psychologischen und sozialen Gründen. Das ist für mich unzumutbar und ein überzogenes Mittel.«

2 Wir sind der Gast

Sie sind viele. Sie sind überall. Und sie sind keine Killer: Viren. Diese raffinierten Überlebenskünstler, so alt wie das Leben selbst, haben die Evolution entscheidend vorangetrieben, auch die des Menschen.

Wer an Viren denkt, denkt an grässliche Krankheiten, an *outbreaks* aus Katastrophenfilmen. An Ebola oder Aids, an Pocken und Influenza, an Masern und Schnupfen und in letzter Zeit an das Coronavirus SARS-CoV-2. Viren werden gleichgesetzt mit Bedrohung, mit Epidemie und Pandemie, mit Abwehr und Abscheu, mit Tod. Das ist offenbar schon länger so, denn das lateinische Wort *virus* bedeutet Schleim oder Gift.

Aber dieses Bild hat sich in den vergangenen eineinhalb Jahrzehnten gründlich gewandelt. Erst seit 100 Jahren kann man Viren und Bakterien voneinander unterscheiden, seit 80 Jahren können Viren sichtbar gemacht werden. Erstmals war es seit der Entwicklung der gigantisch schnellen Sequenziermaschinen in den vergangenen zwei Jahrzehnten möglich, nicht nur das menschliche Genom zu entschlüsseln, sondern auch das der vielen Mikroben, die uns umgeben. Und da zeigt sich nach und nach, dass Viren keineswegs ausschließlich Krankheitserreger sind. Diese winzigen Eiweißpartikel, in die Erbinformation verpackt ist, sind unerlässliche Wegbegleiter, ja Architekten sämtlichen Lebens. »Galten Viren bislang nur als die Feinde von Mensch und Tier, ja allen Lebens, so zeigt sich nun, dass sie zur Entstehung und Entwicklung des Lebens entscheidend beigetragen haben«, schreibt die in der Aidsforschung bekannt gewordene Berliner Virologin Karin Mölling in ihrem Buch »Supermacht des Lebens«.[24]

Viele Forscher meinen nach wie vor, Viren seien keine Lebewesen. Aber so richtig leblos sind sie auch nicht: Seit Milliarden Jahren reproduzieren und verändern sie sich und sie spielten bei der Entstehung der ersten komplexen Lebensformen wahrscheinlich eine entscheidende Rolle. Viren sind überall, sie sind die ältesten biologischen Elemente auf unserem Planeten. Und sie sind auch mit Abstand die häufigsten. Oft wird immer noch der Mensch als »Wirt« der Mikroorganismen beschrieben. Aber angesichts der Erkenntnisse über deren Rolle in unserem Leben und deren Menge ist man geneigt, das Bild umzudrehen: Wir sind der Gast. In unserem Körper gibt es hundertmal mehr Viren als menschliche Zellen, und unser Erbgut wird von Viren maßgeblich mitgestaltet: Immerhin zur Hälfte besteht das menschliche Erbgut aus Viren oder, genauer, aus Virenresten.[25]

Viren sind raffinierte Überlebenskünstler, so alt wie das Leben selbst, und sie haben als Motoren der Evolution andere Lebewesen vorangebracht – auch den Menschen. Mit ihm und seinen Vorfahren verbindet sie eine jahrmillionenalte Wechselbeziehung. Dabei sind Viren und Menschen eine vorwiegend friedliche Koexistenz eingegangen. Krankheiten entstehen erst dann, wenn die Balance des Systems gestört wird, durch reduzierte Artenvielfalt, bedrohte Lebensräume für einzelne Arten, übervölkerte Städte.

Wollte man den Erfolg einer Kreatur danach bemessen, wie viele Exemplare es davon gibt, dann wären Viren die Sieger der Evolution. 10^{33} Virenpartikel gibt es auf dem Planeten, damit sind sie zehnmal häufiger als Bakterien. Wären einzelne Virenpartikel so groß wie ein Sandkorn, dann würde allein ihre Menge die gesamte Erdoberfläche mit einer 15 Kilometer dicken Schicht bedecken.[26]

In jedem Kubikmillimeter Meerwasser finden sich zehn Millionen Viren[27], 100 Millionen verschiedene Virentypen werden insgesamt vermutet, 320.000 davon kommen in Säugetieren vor. Und unser Wissen ist trotz der rasanten Entwicklung in den vergangenen zehn Jahren immer noch marginal: Gerade einmal 5630 Virenarten sind bisher identifiziert und beschrieben.[28]

Viren sind – mit Ausnahme der sogenannten Riesenviren – winzig, wesentlich kleiner als Bakterien, selbst unter dem Lichtmikroskop nicht auszumachen. Wäre ein Mensch so groß wie ein Fußballstadion, hätte ein Bakterium die Größe eines Fußballs und ein Virus wäre so groß wie eines der schwarzen achteckigen Felder auf dem Ball. Oder ein anderes Bild: 20.000 von ihnen aneinandergereiht, messen gerade einmal einen Millimeter.[29]

Viren sind allgegenwärtig – im Meer, an Land, tief unter der Erde, zu finden überall dort, wo es Zellen gibt. Denn sie brauchen, um sich fortzupflanzen, andere Mikroorganismen. Im Grunde sind Virenpartikel (Virologen nennen sie »Viria«) nichts anderes als proteinbesetzte Kapseln mit Erbgut darin, manchmal noch mit einer Hülle rundherum. Träger der Erbinformation sind die Nukleinsäuren DNA oder RNA.

Dass sich Viren nicht selbst vermehren können, ist der Grund, warum sie bei den meisten Wissenschaftlern auch nicht als Lebewesen gelten. Als solche müssten sie zudem wachsen, Energie und Eiweiß erzeugen können. Dazu sind Viren nicht in der Lage. Auf der Suche nach dem geeigneten Wirt, den sie für ihre Fortpflanzung brauchen, helfen Rezeptoren an der Oberfläche der Viruskapsel, die zu jenen der Wirtszelle passen. Einmal angedockt, schleust das Virus seine Erbinformation in das Innere der Zelle und veranlasst sie, Viren-Bruchteile zu produzieren, die sich in der Zelle zu Viren-Kopien zusammenfügen. Damit ist der Reproduktionszyklus komplett, und die aus der Wirtszelle austretenden Abertausenden Viren-Kopien kapern ihrerseits weitere Zellen.

Manchmal ist dieser Vorgang allerdings äußerst aggressiv. Die befallene Zelle wird dann veranlasst, so viele Kopien herzustellen, dass sie vor Erschöpfung zerplatzt. Ein Beispiel dafür ist das Ebolavirus, das beim Menschen nicht nur die Zellen der Leber und anderer Organe befällt, sondern auch Lymphknoten und Abwehrzellen des Immunsystems. Ein Großteil seiner Opfer stirbt rasch. Aus Sicht der Viren sind Menschen damit freilich ein Fehlwirt, da sie oft nicht lange genug leben, um die Viren-Kopien weiterzugeben. Die meisten der bisher beobachteten Ebola-Ausbrüche waren deshalb auch schnell wieder zu Ende.

Die überwiegende Mehrzahl der Viren pflegt einen deutlich weniger radikalen Stil. Besonders schlau machen es Rhinoviren, die häufigsten Auslöser von Schnupfen. Sie verbreiten sich in der Nasenschleimhaut von Zelle zu Zelle. Als Immunreaktion schwillt die Nasenschleimhaut an und bildet größere Mengen eines schleimhaltigen Sekrets: Die Nase läuft – und Unmengen frisch geschlüpfter Viren laufen mit, um sich neue Wirte zu suchen, die sie mit Schnupfen anstecken können. Die Viren verwenden das Immunsystem also gleichsam als Helfer bei ihrer Vermehrung.

Lebendige Flüssigkeit

Das erste Virus, das sichtbar gemacht werden konnte, war der Erreger der Mosaikkrankheit auf Tabakpflanzen, die sich in gekräuselten Blättern und mosaikartiger Marmorierung äußert.[30] Das war 1940, doch diesem Fund war eine 50 Jahre dauernde Suche vorangegangen. Der deutsche Agrikulturchemiker Adolf Mayer hatte sich bereits seit 1889 bemüht, die Ursache für die welkenden Tabakpflanzen zu finden, konnte im Mikroskop jedoch keinen Erreger ausmachen. Dabei musste es einen solchen geben, denn Mayer hatte den Saft kranker Pflanzen gesunden injiziert, deren Blätter sich ebenfalls zu verfärben begannen. Selbst wenn der Pflanzensaft ganz fein gefiltert wurde, blieb er infektiös. Der russische Biologe Dmitri Iwanowski, der sich der Sache ebenfalls annahm, vermutete, eine lebendige Flüssigkeit müsse Ursache der Infektion sein, und sprach von einem »Virus«, einem Gift. Das wurde allerdings nicht schwächer, wenn man es verdünnte, es musste sich also irgendwie vermehren.

Viel wurde spekuliert, was dahinterstecken könnte, zumal zur selben Zeit auch die Jagd nach bis dahin unbekannten Erregern anderer Krankheiten begonnen hatte.[31] Etwa nach jenem der Maul- und Klauenseuche, bis heute eine der gefährlichsten Infektionserkrankungen bei Tieren.

Immer wieder vertieften sich Wissenschaftler auf der ganzen Welt in das Problem des unsichtbaren Tabakpflanzenschädlings, ohne eine Lösung zu finden. Erst 1935 entdeckte der US-amerikanische Biochemiker und Virologe Wendell M. Stanley winzige Kristallnadeln im Saft einer befallenen Pflanze. Bestätigt werden konnte Stanleys Fund mithilfe des ersten Elektronenmikroskops 1940. Sechs Jahre später bekam er dafür den Nobelpreis für Chemie.

Lange Zeit nach ihrer Entdeckung beschäftigten die Viren die Forscher jedoch hauptsächlich wegen ihrer krankmachenden Eigenschaften. Das ist nicht verwunderlich, denn gegen viele der Krankheiten, die die Menschheit – oft seit Jahrtausenden – plagten, gab es lange kein Mittel: Die Masern haben ganze Kulturen ausgelöscht, die Pocken hinterließen bei jenen, die sie nicht dahinrafften, bleibende Entstellungen, die Spanische Grippe forderte mehr Todesopfer als der Erste Weltkrieg.

Dass wir mit jedem Salatblatt eine große Anzahl harmloser Viren mitessen und bei jedem Gang nach draußen durch einen

Schwarm Virenpartikel wandern, die uns nichts anhaben, ist eine relativ neue Erkenntnis.

Viren, so groß wie Bakterien

Im Wasser eines Kühlturms in England hatten Mikrobiologen 1992 eine bis dahin unbekannte Mikrobe entdeckt – und hielten sie aufgrund ihrer Größe für ein Bakterium. Zehn Jahre sollte es dauern, bis ein Team um den südfranzösischen Infektiologen Didier Raoult, der während der Corona-Krise mit der Propagierung des Medikaments Hydroxychloroquin überregionale Bekanntheit erlangte, den Irrtum entdeckte. Es handelte sich um ein Virus, er nannte es »Mimivirus« – ein Virus, das so tut, als wäre es eine Mikrobe, ein lebendiger Organismus. In den folgenden Jahren wurden noch etliche weitere solcher Riesenviren gefunden, die allesamt ganz besondere Merkmale tragen. Ihr Wirt sind Amöben und ihre Erbsubstanz ist von einer Doppelhülle umgeben, deren äußere einen vieleckigen Körper darstellt. Andere, etwas später isolierte Riesenviren haben die Form einer griechischen Amphore und werden deshalb Pandoraviren genannt. Im Gegensatz zu ihren winzigen Verwandten verfügen sie alle über ein üppiges Erbgut. Bei Pandoraviren ist es nahezu so umfangreich wie jenes von Einzellern, und genetisch verfügen sie über fast alles, was zur Eiweißproduktion benötigt wird. Damit verschwimmt die Grenze zwischen Viren und Lebewesen. 2013, als die französische Forschergruppe weitere Riesenviren entdeckte, hieß es im Wissenschaftsmagazin »Nature«, diese neu identifizierten Mikroben würden einen bis dahin unbekannten Teil des Lebensbaums sichtbar machen.[32]

Auch wenn die Existenz der Riesenviren erst unlängst bekannt wurde, so sind sie doch steinalt. Mindestens 30.000 Jahre, denn in einem so alten Stück sibirischen Permafrostbodens wurde ebenfalls ein Riesenvirus entdeckt. Seine DNA hatte überdauert und das Virus konnte wieder infektiös gemacht werden.[33]

Obwohl Viren für gewöhnlich immer noch nicht zu den Lebewesen gezählt werden, können sie sich verändern. Oft sind sie schlampig, wenn es um Vermehrung geht, und mutieren innerhalb des Reproduktionszyklus. Danach können sie anders aussehen oder sich anders verhalten. Das kann langsam vor sich gehen, oder es können mit einem Schlag mehrere Eigenschaften verändert werden. Und aus einer harmlosen Mikrobe kann, wenn sie einen anderen Wirt befällt, etwa von Tieren auf Menschen überspringt, eine Bedrohung werden, ein Supervirus, das sich schnell verbreitet und schwerwiegende Gesundheitsschäden verursacht.

Erhöhte Wachsamkeit

»Wir brauchen eine permanente Beobachtung und erhöhte Wachsamkeit gegenüber dem Auftauchen neuer Virusstämme durch zoonotische Übertragung«, sagt Rasmus Nielsen, Evolutionsbiologe an der University of California.[34] Er untersucht, was auf molekularer Ebene passiert, wenn Viren ihre Wirtszellen wechseln. Dass Viren den Sprung über die Artengrenze schaffen, ist kein neues Phänomen. Wenn sie dann nicht nur von Tieren auf Menschen übergehen, sondern sich so anpassen, dass sie von Mensch zu Mensch übertragen werden können, wird es wirklich unangenehm. Denn dann können sie sich schnell ausbreiten und je nachdem, wie ansteckend sie sind, zu Epidemien oder Pandemien führen. Die Zahl der Säugetier- und Vogelviren, die theoretisch den Menschen zum Wirt nehmen können, wird auf 700.000 geschätzt, 260 haben es bisher tatsächlich geschafft.[35]

Das war vor mehr als 130 Jahren so, als ein im Nachhinein Betacoronavirus genannter Keim von Mäusen auf Kühe und dann auf den Menschen übersprang und wahrscheinlich Auslöser einer Pandemie war, die weltweit mehr als eine Million Menschen tötete.[36] Das war bei HIV so, da kam das Virus von Schimpansen und Gorillas; das ist beim Influenzavirus so; und bei den Coronaviren SARS 1 und MERS, die sich ursprünglich in Fledermäusen und dann Schleichkatzen bzw. Dromedaren breitmachten. Und beim Coronavirus SARS 2.

Die Covid-Lawine

Ein Wintersportort in den Tiroler Alpen wurde zum Hotspot für das neue Virus. Wie in China reagierten Behörden und Verantwortliche zunächst mit Leugnen und Vertuschen. Schließlich sorgte die Vertreibung der internationalen Gäste für die rasche Verbreitung von SARS-CoV-2 in Nord- und Westeuropa.

Im Winter nach Ischgl reisen, tagsüber die Skipisten runterbrettern und abends das Leben feiern – so stellen sich viele Europäer ihren Urlaub im Schnee vor. Für zahlreiche Wintersportfreunde gehört ein Trip in den berühmten wie beliebten Skiort in Tirol einfach dazu, wenn sich die weiße Pracht im Land ausbreitet. Denn hier befindet man sich unter Gleichgesinnten. Mit 1,4 Millionen Nächtigungen belegt Ischgl Rang zwei in der Tiroler Urlauber-Statistik, aber im »Ibiza der Alpen« drängt sich vermögenderes Volk als am Mittelmeer, dafür sorgen schon allein die Preise.

Paris Hilton hat sich hier ebenso sehen lassen wie Bill Clinton, gehobener Mittelstand aus ganz Nord- und Westeuropa trifft sich hier zum Schwingen auf den autobahnähnlichen Pisten. Danach geht es zunächst zur Hüttengaudi neben den Pisten und am Abend dann weiter in die Bars, Pubs und Klubs im Zentrum des Skiortes. Junge Frauen in Lederhosen oder in kurzen Dirndl-Röckchen tanzen dort auf dem Tresen, der Rest ergibt sich.

Die Saison 2020 sollte wie üblich Anfang Mai mit einem Groß-Event zu Ende gehen. »Starke Gefühle übernehmen die Regie, wenn beim letzten Top of the Mountain Concert der

Saison Eros Ramazzotti die Idalp in seinen Bann zieht«, kündigt die Fremdenverkehrswerbung stolz an, »mit seinen Klassikern und Ohrwürmern im Gepäck kommt der italienische Großmeister am 2. Mai 2020 und begeistert die Besucher und Skifahrer in der Silvretta-Arena.«[37]

Im Jahr davor feierten 18.000 Besucher den Schluss der Skisaison und bestaunten zwei Jets des österreichischen Bundesheers und die aus Helikoptern springenden »Skydiver« in ihren Fledermauskostümen. Aber 2020 wurde alles anders. »Abgesagt«, steht lapidar neben der Ankündigung auf den Webseiten der Tiroler Tourismuswerbung.

Lawinenwarnung

Die Geschichte, die zu dieser Absage führte und Ischgl zum Wuhan Europas machen sollte, begann offenbar bereits im Januar 2020. Das Dorf mit 1600 Einwohnern und 10.600 Gästebetten befand sich im Vollbetrieb. »Born to be Wahnsinn«, betitelt das Ischgler Lokal »Kuhstall« seine Après-Ski-Werbung: »Zeigs der Welt: So schön kann schräg sein.«[38]

Daren Bland aus East Sussex, England, kam am 15. Januar für eine Woche mit seinen Freunden, zwei aus Dänemark und einer aus den USA. Und erlebte, wie schön »schräg« sein kann. Bis zu 25.000 Menschen drängen sich tagsüber durch die Tunnel-Anlagen unter dem Dorf über Rolltreppen, die an U-Bahn-Stationen erinnern, zu den Liftanlagen und den 238 Pistenkilometern. Die werden meist schon von den Lautsprechern der immer noch »Hütten« genannten Mega-Restaurants und Schirmbars am Pistenrand beschallt.

Und abends ging's zum Feiern. »Die Bar war gerammelt voll, die Leute sangen und tanzten auf den Tischen«, berichtet der englische IT-Berater über Après-Ski im »Kitzloch«, einer weiteren Bar gleich neben dem »Kuhstall«. »Die Leute waren heiß und verschwitzt vom Skifahren, und die Kellner haben zu Hunderten Shots an die Tische gebracht.«[39] Seine Handyvideos zeigen, wie die Menschen sich anschreien und in enger Umarmung tanzend Lieder wie »Highway to Hell« grölen.[40] Bland berichtet auch von durchaus extravaganten Spielen. Die Bar sei bekannt für »Beer Pong« – ein Trinkspiel, bei dem die Après-Ski-Sportler abwechselnd versuchen, denselben Tischtennisball in ein Bierglas zu werfen. Manchmal werden die Bälle auch in den Mund genommen und gespuckt.

Schon in der Woche davor, am 9. Januar, warnte die EU-Kommission alle Mitgliedsländer mittels »Early Warning and Response System« (EWRS) vor einer »ernsten, grenzüberschreitenden Bedrohung für die Gesundheit« durch ein neues Virus aus China. Die Plattform wurde 1998 für den Austausch von Informationen zu Infektionskrankheiten etabliert und vernetzt die Europäische Kommission, die Seuchenbehörde und die einzelnen EU-Mitgliedsstaaten. So sollen Infektionsausbrüche durch geeignete Diagnosemethoden rasch erkannt und durch Quarantäne-Maßnahmen für die Kontaktpersonen von Infizierten sofort gebremst werden, um eine Pandemie zu verhindern.

Am 12. Januar übermittelte China das Genom des neuen Coronavirus an die Weltgesundheitsorganisation WHO. Vier Tage später, am 16. Januar, vermeldet der Virologe Christian Drosten an der Charité Berlin, dass bereits ein Test zum Nachweis entwickelt wurde.[41] Die Virologie in Berlin entwickelte sich zusehends zur weltweiten Drehscheibe für den teuren Test.

Ab dem 20. Januar vermeldeten auch die Medien die massive Verbreitung der Erkrankung in China. Die Börsen reagierten, der Ölpreis sank, auf den Flughäfen wurden erste Kontrollen eingeführt, und die WHO berief am 20. Januar den Notfallausschuss ein. »Wir haben Isolationsrichtlinien erarbeitet, sowohl für Heimquarantäne als auch für Spitäler, und wir haben einen ersten Kapazitätscheck für die Krankenhäuser vorgenommen«, erinnert sich Reinhild Strauss, Epidemiologin im österreichischen Gesundheitsministerium.[42]

Ankunft in Europa

Am 24. Januar wird Wuhan abgeriegelt, erste Studien zeigen, dass das neue Virus durchaus gefährlich ist. Am selben Tag meldet das Frühwarnsystem des ECDC (Europäisches Zentrum für die Prävention und die Kontrolle von Krankheiten) drei SARS-CoV-2-Infizierte in Frankreich. Das Virus ist in Europa angekommen.

Zwei Tage später erlässt der neue Gesundheitsminister Österreichs, Rudolf Anschober, seine erste Verordnung. Die »neue Erkrankung an 2019-nCoV« wird zur anzeigepflichtigen Infektion nach dem Epidemiegesetz.[43] Von da an sind die Ärzte und Behörden verpflichtet, bei jedem Verdacht »unverzüglich die zur Feststellung der Krankheit und der Infektionsquelle erforderlichen Erhebungen und Untersuchungen einzuleiten«. Betroffene müssen Auskunft geben, und bei Gefährdung sind Betriebsstätten zu schließen und auch für Kontaktpersonen von Infizierten Quarantänen zu verhängen.

Inzwischen gibt es erste positiv Getestete auch in Deutschland und mit der Untersuchung der von ihnen Angesteckten neue Erkenntnisse. Eine Person des Clusters hatte gar keine Symptome, andere Infizierte nur sehr milde. Dennoch trugen sie alle eine hohe Viruskonzentration im Rachen. Die Forscher schließen, dass auch Menschen, die sich gesund fühlen, infiziert sein und das Virus weitergeben können. Das war bei SARS-1 nicht der Fall. »Ab dem Moment war mir klar: Das Virus marschiert durch«, sagt Dorothee von Laer, Professorin am Lehrstuhl für Virologie der Medizinischen Universität Innsbruck.[44] Von Laer wendet sich an die Tiroler Behörden: »Ich habe an die Landessanitätsdirektion geschrieben und angeboten, dass wir testen können. Ich habe aber keine Antwort erhalten.«[45] So wurde in Tirol wochenlang auf die Durchführung von Tests zum Erkennen der Infektionen verzichtet.

Die WHO ruft am 30. Januar eine internationale Gesundheitsnotlage aus. Aber in den Hotelburgen der Alpen nimmt davon niemand Notiz.

»Nach meiner Rückkehr war ich zehn Tage lang krank. Ich konnte nicht aufstehen, ich konnte nicht arbeiten, ich hatte Atemnot«, berichtet Daren Blank. Er hat auch seine Frau angesteckt. Seine Freunde reisten nach dem Urlaub zurück nach Dänemark und in die USA. Dort wurden sie etwas später positiv auf das Coronavirus getestet.

Feiern bis zum Untergang

Aber in den Tiroler Skigebieten wurde munter weitergefeiert, von Infektionen in der Gegend erfuhren die Fremdenverkehrs-Mitarbeiter und die Gäste nichts.

Im Februar erkrankten in Ischgl Dutzende Mitarbeiterinnen von Hotels und Restaurants sowie auch Gäste an Grippe mit merkwürdigen Symptomen – zu Fieber und Husten kam oft auch Erbrechen. Zumindest in einem Fall – bei einer Kellnerin, die am 8. Februar erkrankte –, wurde nachträglich von der Österreichischen Agentur für Gesundheit und Ernährungssicherheit (AGES) nachgewiesen, dass es sich um Covid-19 handelte.[46]

Aber niemand meldete das und bei den Gesundheitsbehörden nahm davon niemand Notiz. »Es wurde Mitarbeitern verboten, nach Landeck ins Krankenhaus zu fahren, um sich testen zu lassen, damit keine Panik entsteht. Man wollte das so lang wie möglich rauszögern«, berichtete ein Seilbahn-Mitarbeiter in der ORF-Sendung »Am Schauplatz«.[47]

»Beer Pong« erfreute sich weiter großer Beliebtheit im »Kitzloch« und anderen Bars, erzählt Henrik Lerfeldt dem US-Sender CNN aus seiner Quarantäne, in die er nach dem Skiurlaub wegen der SARS-CoV-2-Infektion musste. Der 56-jährige Däne berichtet, dass die »Kitzloch«-Barkeeper mit Trillerpfeifen unterwegs waren, um die Leute dazu zu bringen, den Weg frei zu machen. Mehrere Gäste hätten zum Spaß in dieselbe Trillerpfeife geblasen. Und die Gläser, in die die Tischtennisbälle gespuckt werden, machten weiter die Runde.[48]

Am 25. Februar wurde in Tirol der »erste Covid-19-Fall« offiziell. Eine Angestellte des Hotels Europa in Innsbruck kam mit Symptomen aus ihrem Urlaub in Italien zurück, wurde positiv auf SARS-CoV-2 getestet und separiert. Hier reagierten die Gesundheitsbehörden, wie es im Epidemiegesetz festgelegt ist: Am selben Abend wurde das Hotel von Polizisten abgesperrt. Es wurden alle Angestellten getestet und das Hotel konnte erst wieder öffnen, als alle weiteren Speichelproben negativ waren. Die Landesregierung bildete einen Krisenstab. Bundeskanzler Sebastian Kurz verkündete am 26. Februar die weitere Marschrichtung: Es bräuchte rasche und harte Maßnahmen, um das Virus bestmöglich einzudämmen.

Pingpong aus Island

Sonntag, 1. März: Alle Passagiere eines Flugs von München nach Island werden nach der Landung auf das Coronavirus getestet. Torolfur Gudnason, Chefepidemiologe in Island, meldet am 3. März 16 Corona-Fälle über das EU-weite Frühwarnsystem für Infektionskrankheiten »Early Warning and Response System« nach Wien.[49] Alle Betroffenen sind Ischgl-Heimkehrer. Die isländischen Gesundheitsbehörden geben eine Reisewarnung für Ischgl heraus.

Der Österreichische Verbraucherschutzverband hat präzise dokumentiert, was dann geschieht: Am 4. März etwa fragt eine Touristin im Hotel garni Martina via WhatsApp an: »Hallo zusammen. Denke wir kommen gegen 16/17 Uhr. Was macht der Corona V bei Euch????« Die Hotelmitarbeiterin antwortet darauf ebenfalls via WhatsApp: »Hallo, wir wünschen euch eine gute Anreise. Das Corona Virus ist noch nicht in Ischgl und bleibt hoffentlich noch lange weg.«[50]

Am 5. März wird eine E-Mail aus Island vom Wiener Gesundheitsministerium nach Tirol weitergeleitet. »Dear colleagues«, schrieben die isländischen Behörden, »we have a total of 14 cases with travel history to Ischgl via Munich.« Die Tiroler Behörden wissen also spätestens jetzt, dass das Virus bereits seit Ende Februar in Ischgl im Umlauf ist. Und: Die Isländer listen in der E-Mail auch alle fünf Hotels auf, in denen sich die isländischen Gäste aufgehalten haben.[51]

Zunächst geschieht nicht viel. Ein eigens einberufener Krisenstab tagt in Ischgl – vertreten sind die Größen der Hotellerie und der Seilbahngesellschaft, der Gemeindearzt und die Polizisten des Ortes. »Vom TVB (Tourismusverband) konnten 14 Hotels, welche zu dem in Frage kommenden Zeitraum Isländer beherbergt hatten, ausfindig gemacht werden«, protokollieren die Beamten. »TVB Mitarbeiter werden persönlich die Hotels informieren, bzw. dort Nachfrage halten. Die Polizei wird dann in zivil die Gästeblätter abholen.«[52]

Aber in den genannten Hotels wurde nur eine einzige Mitarbeiterin ergebnislos getestet, nirgends wurde die gesetzlich geforderte Quarantäne verhängt. Selbst nachdem am 7. März ein Barkeeper im »Ibiza der Alpen« positiv getestet wurde, teilte Tirols Landessanitätsdirektor Franz Katzgraber mit, es erscheine »wenig wahrscheinlich, dass es in Tirol zu Ansteckungen gekommen ist«. Die Touristen aus Island hätten sich wohl im Flugzeug angesteckt – das war schon allein aufgrund der Inkubationszeit erkennbar falsch. Auch eine Übertragung des Virus »auf Gäste der Bar ist aus medizinischer Sicht eher unwahrscheinlich«. Besorgten Hoteliers wurde versichert, dass kein Risiko bestünde.

Aus Urlauberwelle wird Coronawelle

Am selben Tag – es ist Samstag, 7. März – reisten mehr als 100.000 Urlauber aus den Tiroler Wintersportorten ab, ebenso viele kamen an. Busse und Sammeltaxis brachten wieder 10.000 nach Ischgl. Informationen über Infektionsgefahren gab es nirgends, erzählen die Touristen. Das Partywochenende in Ischgl, in Sölden, am Arlberg und im Salzburger Land konnte wie geplant starten. Alle Skilifte, Hütten und Bars waren offen. Der Tourismusverband Paznaun-Ischgl versandte am Abend eine E-Mail an alle Hotels, in der die falsche Darstellung, dass sich die infizierten Isländer im Flugzeug angesteckt hätten, wiederholt wurde.

In den Bars mussten sich die Kellner weiter mit Trillerpfeifen den Weg durch die Menge bahnen. »Wir haben getanzt, geschmust und aus denselben Gläsern getrunken«, erzählt ein deutscher Urlauber, dessen Freund inzwischen an Covid-19 gestorben ist. Mitarbeiter einiger Hotels berichten, dass sie die Anweisung erhalten hatten, bei Grippesymptomen ausschließlich den Gemeindearzt Andreas Walser aufzusuchen.

»100, 200 Mitarbeiter waren da schon bei mir«, berichtet Walser. »Da standen Hunderte vor der Praxis und wollten sich testen lassen«, erzählt dagegen ein Mitarbeiter, »der Doktor hat niemanden drangenommen.«[53] Schließlich habe der Gemeindearzt am Ohr Fieber gemessen und ihm eine Bescheinigung ausgestellt, dass er sich bester Gesundheit erfreue und »es keinerlei Kontakt mit Covid-19-getesteten Personen gab«.

Eine Restaurant-Mitarbeiterin berichtet, dass allein in ihrem Gasthaus fünf Mitarbeiterinnen schon Anfang März erkrankt waren. Der Gemeindearzt habe bei der ersten Betroffenen lediglich Bettruhe verordnet, die habe dann weitergearbeitet und alle anderen angesteckt.[54]

Doch allmählich scheint das Raunen um die Epidemie Ausmaße angenommen zu haben, sodass es die Verantwortlichen nicht mehr wegschieben können. Am 8. März entsendet die Tiroler Landessanitätsdirektion Ärzte nach Ischgl, um dort zu testen – allerdings nur ausgewählte Personen. Immer noch geben die Behörden öffentlich Entwarnung. »Eine Übertragung des Coronavirus auf Gäste der Bar ist aus medizinischer Sicht eher unwahrscheinlich«, informiert Anita Luckner-Hornischer von der Landessanitätsdirektion Tirol. »Für alle BesucherInnen, die im besagten Zeitraum in der Bar waren und keine Symptome aufweisen, ist keine weitere medizinische Abklärung nötig. BarbesucherInnen, die aktuell grippeähnliche Symptome haben, sollen die Gesundheitshotline 1450 wählen und werden in der Folge ärztlich abgeklärt. Es gibt keinen Grund zur Beunruhigung.«[55]

In Norwegen registriert man unterdessen bereits 500 Corona-Fälle, bei denen die Ansteckung in Österreich erfolgt sein musste. Die große Mehrheit davon in Ischgl. Tirol wird daher auch dort auf die Liste der Risikogebiete gesetzt. Am Morgen des 9. März leitet das Gesundheitsministerium in Wien diese Meldung an die Landessanitätsdirektion Tirol weiter. Auch Dänemark hat Ischgl mittlerweile auf die Liste der Hochrisikogebiete gesetzt.

Am selben Tag wird bekannt, dass die Tests von 16 Mitarbeitern und Kontaktpersonen im »Kitzloch« positiv ausgefallen sind. Erst jetzt ordnet die Bezirkshauptmannschaft Landeck die sofortige Schließung des Lokals an. Die Touristen werden allerdings immer noch nicht informiert, Hotels und Skilifte bleiben im Vollbetrieb.

Und inzwischen ist durchgesickert, dass es auch in anderen Skiorten wie St. Anton und Lech am Arlberg zahlreiche Infizierte gibt.

Feiern trotz Schließung

»Bei allen in der Gemeinde Ischgl bewilligten Après-Ski-Lokalen ist der Après-Ski-Betrieb unverzüglich einzustellen.« So steht es in der Verordnung der Bezirkshauptmannschaft Landeck, die für Ischgl zuständig ist, vom 10. März. Aber kaum ein Wirt hielt sich daran: Noch am selben Abend wurde in Bars gefeiert, als gäbe es weder das Coronavirus noch die behördlichen Betriebssperren. Das belegen unter anderem Fotos und Videos, die sechs deutsche Urlauber der Zeitschrift »profil« zur Verfügung stellten – die Aufnahmen aus dem Après-Ski-Lokal »Trofana Alm« stammen vom 10. März um 21:31 Uhr, das geht aus den Metadaten hervor.[56]

Das Lokal war zu dieser Zeit voll, die meisten Gäste sangen und tanzten eng an eng zur Musik. Zurück in Deutschland, wurden die sechs Urlauber alle positiv auf Corona getestet. Der Betreiber der »Trofana Alm« ist Obmann des Tourismusverbands Paznaun-Ischgl. Auch andere Après-Ski-Bar-Betreiber wollten das verfrühte Saisonende nicht so recht einsehen. Zunächst versuchten sie, ihre Partybuden mit anderen Konzessionen – etwa für den Betrieb eines Restaurants – weiterzuführen. Noch am Vormittag des 11. März stellte die Bezirkshauptmannschaft per E-Mail klar: »Es ist nicht relevant, welche zusätzlichen Konzessionen das Lokal besitzt. Es sind daher die betreffenden Lokale spätestens mit 16:00 Uhr zu schließen.«

Bei einer Kontrolle um 16 Uhr stellten Ischgler Polizeibeamte fest, dass sich mehrere Lokale dennoch nicht an diese Vorgaben hielten, schreiben die Beamten in ihren Aktenvermerk. Die »Schatzi-Bar« etwa hatte ihren Ausschank kurzerhand ins Freie verlegt. Die Eigentümerin, die im Aufsichtsrat des Tourismusverbands sitzt, erklärte den Beamten, dass »der Betrieb als Restaurant geführt werde« und »kein Après-Schi veranstaltet werde«. Die Beamten schritten nicht ein. Sie berichteten der Bezirkshauptmannschaft Landeck bloß, dass eine »zwangsweise Durchsetzung der Verordnung aufgrund des wetterbedingt starken Personenverkehrs und dem Umstand, dass damit lediglich eine Verlagerung der Menschenansammlungen erzielt würde, nicht verhältnismäßig erschien«. Die Polizisten regten bei der Bezirkshauptmannschaft an, dass den Betreibern am folgenden Tag »nochmals die Einhaltung der Verordnung nahelegt wird«, berichtet das »profil«.

Der Skibetrieb ging weiter. Alle anderen Restaurants waren weiter offen, ebenso die Skilifte.

Lockdown ins Chaos

Erst am Freitag, dem 13. März, reagierten die Gesundheitsbehörden und die Landesregierung. Sie verhängten eine Quarantäne über das Paznauntal, in dem Ischgl liegt, und St. Anton am Arlberg. »Ausländische Urlauber dürfen die Gebiete noch verlassen, müssen aber an den Kontrollpunkten ein Formular mit den wesentlichen Kontaktdaten vorweisen«, wurde verlautbart, »Personal der Tourismusbetriebe und Gäste aus Österreich dürfen die Gebiete nicht mehr verlassen.« Die Benutzung von Seilbahnanlagen wurde ebenfalls verboten.

Doch die Seilbahnen liefen weiter. Österreichs Bundeskanzler Sebastian Kurz gab Freitagmittag eine Pressekonferenz. Er verkündete höchstpersönlich die Quarantäne über die Skiorte. Und während die Behörden den ausländischen Gästen lediglich die Möglichkeit einräumten, nach Bekanntgabe ihrer persönlichen Daten auszureisen, forderte Kurz diese via TV auf, die Urlaubsorte zu verlassen. Dass diese Gäste genauso unter Quarantäne gestellt werden müssten, sagte er nicht. Die Folge waren hektische Stunden. Auswertungen von Mobilfunkdaten zeigen es deutlich: Nachdem das Land Tirol am 13. März die Quarantäne über das Paznauntal verhängt hatte, verließen Massen an Urlaubern die Skigebiete Richtung Heimat. Viele von ihnen brachten das Virus mit nach Hause.

Wäre es besser gewesen, die Touristen vorher zu testen oder für zwei Wochen zu isolieren? Dominik Oberhofer, Abgeordneter zum Tiroler Landtag (NEOS) und selbst Hotelier, vermutet finanzielle Interessen hinter der verordneten Massenausreise: »Die wollten natürlich nicht die Logie und die Verpflegung der Urlauber für 14 Tage Quarantäne zahlen.« Etwa 7000 Gäste reisten in dicht gedrängten Bussen, Pkws, Taxis ab, aus der vorgesehenen Registrierung wurde meist nichts.

Statt wie vorgeschrieben die potenziell Infizierten unter Quarantäne zu stellen, wurden die Nicht-Österreicher in einen höchst infektiösen Massen-Exodus geschickt. Der österreichische Verbraucherschutzverein, der inzwischen im Namen von 6000 Geschädigten agiert, die sich in den Tiroler Bergdörfern das Virus geholt hatten, listet die weiteren Folgen auf:

57 Prozent der in Österreich aufgetretenen Corona-Fälle lassen sich auf Ischgl zurückführen, mehr als zwei Drittel der im Ausland infizierten Deutschen haben sich in Österreich angesteckt, 90 Prozent davon in Tirol. Dazu kommen jeweils Hunderte Infizierte in Norwegen, Schweden, Island, Großbritannien, den Niederlanden und der Schweiz.

Ground Zero der Alpen

»Home Of Wahnsinn«, »Ground Zero« der europäischen Corona-Pandemie – an internationaler Negativpresse fehlt es der Skigemeinde im Paznauntal in den letzten Wochen und Monaten nicht. Im Eintrag auf Wikipedia wird Ischgl schon im vierten Satz mit Corona in Verbindung gebracht, der deutsche »Spiegel« ortet in Ischgl »Gier und Versagen«. Der Vorwurf: Zu lange hätte die Tiroler Landespolitik mit der mit ihr verbandelten Tourismusindustrie auf einen Shutdown der Skisaison zugewartet.

Wie groß der Einfluss der Superspreader-Location auf die Infektionswelle in Deutschland ist, ließ sich bislang nur mutmaßen. Das Institut für Weltwirtschaft an der Universität Kiel (IfW) konnte im Mai nun Daten vorlegen. Diese Studie basiert auf Daten des Robert-Koch-Instituts aus 401 deutschen Landkreisen.[57] Dabei wurden die schlimmsten Befürchtungen bestätigt. So werde die »geografische Nähe zu Ischgl in Tirol«

als »einer der Hauptrisikofaktoren für eine vergleichsweise hohe Infektionsrate« in der deutschen Bevölkerung angesehen.

Gabriel Felbermayr, Präsident des Instituts, wird hinsichtlich Ischgl konkreter: »Nicht nur Deutschland wäre ohne die Ischgl-Fälle wohl deutlich glimpflicher davongekommen. So hätten Daten vom 20. März aufgezeigt, »dass ein Drittel aller Fälle in Dänemark und ein Sechstel aller Fälle in Schweden auf Ischgl zurückgeführt werden konnten«.[58]

4 Viren als Motor der Evolution

Viren sind uralte Überlebenskünstler und haben die Evolution der meisten Lebewesen, auch von uns Menschen, vorangetrieben. Ohne sie gäbe es wohl heute keine Sexualität, würden dem Menschen manche Gene fehlen und sein Abwehrsystem wäre weniger leistungsfähig.

»Viren gehören zu unserem Ökosystem, zu unserem Leben, zu unserer Umwelt, zu unserer Verdauung. Rund 50 Prozent des menschlichen Erbguts stammt von Viren«, sagt die deutsche Virologin Karin Mölling. »Viren sind die Treiber der Evolution, nicht primär Krankmacher«, erklärt die Grande Dame der Virenforschung vom Berliner Max-Planck-Institut, die seit ihrer Forschung an HIV weltweiten Ruf genießt.[59] Für sie deutet alles darauf hin, dass Viren am Anfang des Lebens standen und eigentlich lebendig sind, auch wenn ihnen die Fähigkeit zur Fortpflanzung und zum Stoffwechsel fehlt und sie von den meisten Forschern für leblose Partikel gehalten werden. Für eine Zuordnung zum Lebendigen sprechen einige immer stärker werdende Argumente. Immerhin können Viren sich genetisch verändern – durch Mutationen. Und wenn sie ihren Bauplan in eine Biozelle eingebaut haben, dann sind sie auch Bestandteil eines lebenden Systems.[60]

War am Anfang das Virus?

Viren bestehen hauptsächlich aus Erbgut – DNA, viel öfter noch RNA. Die Nukleinsäure, für deren englisches Wort das Kürzel NA steht, ist die materielle Basis der Gene. Im Gegensatz zu den doppelsträngigen DNA-Molekülen kommen die RNA-Moleküle für gewöhnlich einzelsträngig vor. Das ermöglicht mehr dreidimensionale Strukturen und chemische Reaktionen, die es bei der DNA nicht gibt. Bei Schäden oder Mutationen kann sich allerdings die DNA durch den zweiten Strang viel eher selbst reparieren, deshalb mutieren Viren mit RNA-Strukturen auch viel schneller.

Im Labor lässt sich RNA relativ einfach herstellen. Das gelang 2009 erstmals Wissenschaftlern der Universität Manchester aus Substanzen, wie sie wahrscheinlich auch in der Urerde vorhanden waren. Sie nahmen dazu ein einfaches Molekül, das als Gerüst zum Aufbau von Nukleinsäure-Bausteinen diente.[61] Ein solcher chemischer Vorgang könnte auch in der Urerde möglich gewesen sein, meinen Forscher, die der Virus-first-Hypothese anhängen, also davon ausgehen, dass Viren am Anfang des Lebens standen. Die Idee dahinter: Bei der Entstehung des Lebens sind zuerst nicht Biozellen, sondern Virus-Vorläufer aus RNA entstanden, die als chemische Schnipsel in die Umwelt freigegeben wurden und sozusagen als Informationsträger umherschwirrten. Beweise dafür gibt es nicht, weil fossile Viren aus der Zeit vor vier Milliarden Jahren fehlen. Die Suche danach auf anderen Planeten könnte helfen, eine Bestätigung für die These zu finden, etwa auf dem Mars, weil es dort noch sehr altes Gestein gibt, wesentlich älter als auf der Erde. Würden dort Überreste von Virenpartikeln isoliert, aber keine Zellen, dann wäre das ein Hinweis darauf, dass in der Evolution zuerst RNA-Systeme entstehen und erst dann biologische Zellen. Doch das ist alles noch Gegenstand von Experimenten und Annahmen.

Viel weiter sind die Forschungen, die sich auf die Entstehung und Entwicklung des Menschen beziehen. Die Entschlüsselung des menschlichen Erbguts und die Genomanalysen anderer Lebewesen haben gezeigt: Alles, ob Nahrungsmittel, Raubtiere oder potenziell krankmachende Mikroben, hatte einen Einfluss auf die Evolution des Menschen.[62] Dieser sogenannte horizontale Gentransfer – die Übertragung von Genen zwischen zwei Organismen, die nicht miteinander verwandt sind – hat zu vielgestaltigen Genomen geführt. Und Viren haben dabei eine nicht unbedeutende Rolle gespielt. »Viren haben sich gemeinsam mit ihren Wirten weiterentwickelt, und ihre Verwandtschaftslinien können als Lianen betrachtet werden, die sich um den Stamm, die Äste und die Zweige des Lebensbaums schlingen«, sagt Patrick Forterre, vor der Pensionierung Direktor der Abteilung für Mikrobiologie des Pariser Pasteur-Instituts.[63]

»Jede einzelne Spezies hat zahlreiche auf sie spezialisierte Viren«, erklärt Forterre. Der Mikrobiologe, auch er überzeugter Verfechter der Virus-first-Theorie, bezweifelt die Lehrbuch-Hypothese von Viren als »Taschendieben«, die sich aus den Zellen Erbgut klauen und damit selbstständig machen. Die umgekehrte Variante sei biologisch wesentlich plausibler. Im Lauf der Evolution hätte es einen gewaltigen Nachteil bedeutet, parasitäre Mikroben, die nur ihren eigenen Vorteil bedienen, in lebendige Systeme einzubinden. Stattdessen wurde die Bildung von Symbiosen, also kooperativen Systemen, klar bevorzugt. Organismen, die es nicht schafften, sich mit ihren Mikroben abzustimmen, starben aus. Mittlerweile gibt es schon etliche Funde, die Forterres These untermauern sowie gleichzeitig zeigen, welche Überlebenskünstler Viren sind und wie sehr sie zur Aufrechterhaltung des Gleichgewichts im globalen Ökosystem beitragen. So wurden im Erbgut eines zwölf Millionen Jahre alten Kaninchens Viren gefunden, die jenen des Aids-Verursachers HIV ähnlich sind; Ähnliches fand sich in 13 Millionen Jahre alten Lemuren auf Madagaskar.[64] Und Forscher im Berliner Naturkundemuseum konnten vor Kurzem nachweisen, dass ein eidechsenähnliches Tier, das vor 289 Millionen Jahren in der Permzeit lebte, an einer Erkrankung des Knochenstoffwechsels litt, hervorgerufen durch masernähnliche Viren.[65]

Ein 50 Millionen Jahre alter Phönix

»Phönix«, so nannte Thierry Heidmann das Virus, das er 2006 in seinem Labor zu neuer Aktivität erweckte.[66] Dem französischen Biophysiker war etwas gelungen, was Forscherkollegen als »Jurrasic-Park-Experiment« bezeichneten. Er hatte Kopien eines – wie sich herausstellte – 50 Millionen Jahre alten Retrovirus, dessen genetischen Bauplan er im menschlichen Genom entdeckt hatte, wieder in die Lage versetzt, von einer Wirtszelle neue Virenpartikel produzieren zu lassen. Diese Partikel konnten dann ihrerseits wieder Zellen infizieren und ihre kopierten Gene in die Zelle einfügen. Bis dahin waren die Virus-Kopien inaktiv gewesen, denn in den Jahrmillionen hatte sich ihr Erbgut ein paarmal verändert, ohne sich jedoch einen neuen Wirt zu suchen.

Gleich dem mythologischen Vogel, der aus seiner eigenen Asche wiedersteht, entstand so ein vollständiges und aktives Virus, zusammengesetzt aus seinen in menschlicher DNA festgeschriebenen Teilen. Wie kam der Ursprungs-»Phönix« in die menschliche DNA? Er muss in Urzeiten Keimzellen menschlicher Vorfahren infiziert haben und dann von Generation zu Generation weitergegeben worden sein. Die Überbleibsel solcher Viren-Kopien werden humane endogene Retroviren genannt – ihr Kürzel ist HERV. »Phönix« ist nicht das einzige – immerhin rund 8 Prozent des menschlichen Erbguts bestehen aus solchen HERVs. Identifiziert wurden bereits mehr als 30 HERV-Familien.

Aber welchen evolutionären Sinn ergibt das? Lange Zeit blieb der Grund, warum sich die Genbruchstücke im menschlichen Erbgut eingenistet haben, im Dunkeln. Für die Wissenschaft waren sie einfach »Junk-DNA«, nutzloser Abfall. Doch nach und nach hat sich herausgestellt, dass sie nicht von ungefähr eng mit dem Menschen verbunden sind. Einerseits treiben sie die Evolution voran, weil die Gene, die sich nicht vom Virus infizieren lassen, ausgeschieden werden. Aber neue Forschungen zeigen, dass sie auch zu Neuerungen im Genom beitragen, etwa indem sie neue genetische Codes für die Herstellung bestimmter Moleküle einbringen.[67] Ein Beispiel dafür ist das Enzym Amylase, das notwendig ist, um Stärke abzubauen. Die meisten Säugetiere bilden dieses Enzym nur in der Bauchspeicheldrüse. Nicht so der Mensch. Bei ihm bildet es sich auch in der Speicheldrüse – eine Voraussetzung für die Ackerbaukultur: Nur wer Getreide leicht verdauen kann, für den ist Ackerbau sinnvoll. Zu verdanken ist diese Eigenschaft einem Retrovirus[68], das sich in der Nähe von drei Amylase-Genen ins Genom einnistete und dafür sorgte, dass auch die Speicheldrüsen den Stoff herstellen.[69]

Ohne Viren keine Kinder

Eigentlich gehören Viren zu den sich am schnellsten verändernden Mikroben. Doch die Genbestandteile der endogenen Retroviren sind, wie »Phönix« bewiesen hat, erstaunlich dauerhaft, was ihren Verbleib bei einem Wirt betrifft. Das deutet darauf hin, dass das jeweilige neue Gen vom befallenen Organismus sehr oft gut gebraucht werden kann.[70] Erste Erkenntnisse dazu, wie nützlich die Virusgene im Menschen sein können, gab es bereits 1978. Da stießen Forscher vom Cancer Institute in San Francisco auf Retroviren-ähnliche Partikel in menschlichem Plazentagewebe. Erst mehr als 20 Jahre später wurde klar, was ihre Funktion ist: Sie unterstützen die Produktion bestimmter Eiweißstoffe, die ursprünglich dem Virenpartikel halfen, seine Hüllmembran mit der der Wirtszelle zu verbinden. Später trugen die Eiweißstoffe dazu bei, Zellen in der Plazenta so zu verbinden, dass eine schützende Barriere entsteht. Die verhindert, dass das Immunsystem der Mutter den Embryo als Fremdkörper abstößt, während er sich in die Gebärmutter einnistet.[71] Dieser wichtige Schritt – eine Voraussetzung für die Lebensfähigkeit von Säugetieren – hat sich vor zwölf bis 80 Millionen Jahren ereignet[72], bei Beuteltieren dagegen konnte dieses endogene Virus nicht nachgewiesen werden. Der Mensch und alle anderen Säugetiere mit Plazenta dürften eine der entscheidenden Voraussetzungen für die Fortpflanzung einem Virus verdanken.

Viren haben im Lauf der Evolution auch dazu beigetragen, das menschliche Immunsystem zu modulieren. US-amerikanische Wissenschaftler fanden heraus, dass virale Erbgutschnipsel hauptsächlich in der Nähe von jenen Genen zu finden sind, die die Immunantwort steuern. Werden die ursprünglich von Viren stammenden Basenpaare im Labor entfernt, fällt die Immunantwort auf eine Virusinfektion weitaus schwächer aus.[73]

Die Nähe mancher endogenen Retroviren zum Immunsystem lässt sie jedoch nicht immer nur freundlich wirken. Einige werden mit der Entstehung von Autoimmunkrankheiten wie der Arthritis oder anderen rheumatischen Erkrankungen, mit Multipler Sklerose und Schuppenflechte in Zusammenhang gebracht. Eine mögliche Beteiligung von Viren wurde auch bei Brust- und

Hautkrebs festgestellt.[74] Doch wenn alle Retroviren schädlich für den Menschen wären, wären sie im Zuge der Evolution wohl nicht weitergegeben worden.

Auch andere Bestandteile im menschlichen Genom sind viralen Ursprungs. Die Virologin Anna Marie Skalka und ihr Team vom Krebsforschungsinstitut in Pennsylvania fanden im menschlichen Genom die Gensequenzen der Vorfahren von Bornaviren, gefürchteten Krankheitserregern. Der Fund war unerwartet, zumal die Genabschnitte dieser und anderer Keime wie dem Marburgvirus auch in der DNA von 19 Wirbeltierarten gefunden wurden. Skalka vermutet, dass das Virus-Erbgut vor rund 40 Millionen Jahren in die Keimbahn der Tiere gelangt ist und dass damit infizierte Tiere einen Überlebensvorteil gehabt haben müssen. Möglicherweise haben die Genbruchstücke zu einer Immunantwort gegen eine Infektion durch das jeweilige Virus beigetragen und auf diese Weise wie eine Impfung gewirkt.[75]

Die Berliner Virologin Karin Mölling meint gar, dass die gesamte menschliche Erbsubstanz auf Viren zurückgeht.[76] »Unser Erbgut wird ergänzt durch das 150-Fache an zusätzlichem Erbgut von Mikroorganismen, die uns besiedeln«, erklärt sie, und das ergibt Sinn: »Sie bieten neues Erbgut, also neue Information und auch Schutz.« Denn befinden sich Viren in einer Zelle, lassen sie andere Viren nicht hinein.

Wir erinnern uns durch Viren

Anscheinend hat auch das menschliche Gehirn vor langer Zeit ein Virus für seine Zwecke eingespannt. Seitdem geistert es durch unser Zentralnervensystem und ermöglicht uns, uns Dinge länger zu merken.

Wie das Gedächtnis funktioniert, wissen wir noch immer nicht genau. Aber das Protein Arc dürfte für die dauerhafte Speicherung von Informationen unentbehrlich sein. Zumindest können sich Mäuse, denen es gentechnisch entfernt wurde, nichts länger als 24 Stunden merken.[77] Oder, wie es der Hirnforscher Jason Shepherd von der University of Utah in Salt Lake City ausdrückt: Im Leben gibt es ein Zeitfenster, in dem sich das Gehirn wie ein Schwamm verhält, also Wissen und Fähigkeiten aufsaugt. Ohne Arc bleibt dieses Fenster geschlossen.

Bei Arc handelt es sich um das Überbleibsel eines Virus, das vor Hunderten von Millionen Jahren ins Erbgut der Vorläufer von Mensch und Tier geriet und seitdem von Generation zu Generation weitervererbt wurde. So weit, so gewöhnlich. In aller Regel haben solche Partikel aber ihre ursprünglichen viralen Eigenschaften längst verloren.

Nicht so bei Arc. Im Elektronenmikroskop lassen sich verblüffende Entwicklungen zeigen: Liegen in Zellen ausreichend Arc-Proteine vor, organisieren sich diese zu Hohlkörpern, die einer Virushülle, dem sogenannten Kapsid, sehr ähnlich sehen. »Als wir die Kapside sahen, wussten wir, dass wir auf etwas Interessantes gestoßen waren«, erzählt Shepherd, der seit Jahrzehnten an diesem Protein forscht.[78]

Das Team begann mit weiteren Untersuchungen. Und so stellte sich heraus, dass die Kapsel aus Arc-Proteinen immer noch die Fähigkeit hat, ihre eigene RNA-Bauanleitung festzuhalten und sich dabei immer wieder andere vorbeischwimmende RNA-Sequenzen zu schnappen und einzuverleiben. Mitsamt dieser Fracht, beobachteten Shepherd und Kollegen, wandert die Arc-Kapsel an die Zellmembran, umhüllt sich dort mit der Außenschicht der Zelle und driftet ins umgebende Medium. Trifft sie auf ein Nachbarneuron, dockt sie an, wird aufgenommen, zerfällt und gibt die RNA frei.

Damit funktioniert Arc fast noch genauso wie ein Virus, das auf diese Weise seinen Wirt überfällt, also infiziert – mit dem Unterschied, dass in diesem Fall der Wirt ausschließlich einen Nutzen davon hat. Als wahrscheinlich gilt, dass das Exvirus mit seiner Transporttätigkeit einen zusätzlichen Kommunikationskanal zwischen den Gehirnzellen und uns damit die Erinnerung eröffnet.

Europa sperrt sich ein

Innerhalb nur einer Woche sorgten die Regierungen der meisten europäischen Staaten unter dem Applaus der meisten Medien für die Aufhebung fast aller Grundrechte. Ausgangssperren wie im Krieg, um Leben zu retten – ein einmaliger Vorgang.

Dumpfe Bässe, dunkle Bilder von Schweinen und Männern in Gummistiefeln. Aus dem Off die Stimme einer Nachrichtensprecherin mit unheilverkündendem Tremolo: »Es begann in gesund aussehenden Schweinen, vor Monaten, vielleicht schon vor Jahren. Ein neues Coronavirus breitete sich unerkannt in den Herden aus.« Das elfminütige Video stand am Beginn eines Treffens, zu dem am 18. Oktober 2019 eine hochkarätige Runde in New York zusammentraf.[79] Avril Haines war dabei, die ehemalige nationale Sicherheitsberaterin von US-Präsident Barack Obama; Martin Knuchel, der Leiter der Krisenabteilung der Lufthansa; Latoya Abbott, die Risikochefin der US-Hotelgruppe Marriott International, der größten Hotelkette der Welt; Brad Connett, Vorstandschef der Henry Schein Group, eines internationalen Medizinprodukte-Herstellers; dazu eine Vertreterin der Gates-Stiftung; und ein hochrangiger Gast aus China: George F. Gao, Direktor des China Centre for Disease Control and Prevention.

Die 15 waren zu einem speziellen Meeting zusammengekommen: Sie wollten eine Pandemie durchspielen. Der fiktive Erreger aus dem Video, der die Teilnehmer des »Event 201« die nächsten Stunden beschäftigen sollte, war dem seit 2002 bekannten SARS-Coronavirus nachempfunden. Es war von einer

Fledermaus auf ein Schwein und schließlich auf einen Menschen übergesprungen und sollte infektiöser sein als SARS, mit einerseits milden, für viele Menschen aber doch lebensbedrohlichen und tödlichen Symptomen. Irgendwo in Brasilien wurde der Anfang der Seuche angenommen. Zuerst fast unbemerkt, breitete sie sich dann in größeren Ortschaften aus, in den südamerikanischen Megacitys und schließlich rund um den Erdball. Es gab keine Impfung, antivirale Medikamente wirkten nicht in jedem Fall, das Virus hatte also leichtes Spiel. Mit einer wöchentlichen Verdopplung der Infektionszahlen schnellte die Kurve des Schreckens exponentiell in die Höhe. Das Szenario endete nach 18 Monaten, nachdem der Keim 65 Millionen Menschen getötet hatte und die Wirtschaft am Boden lag.

Dreieinhalb Stunden lang diskutierten die 15 Vertreter internationaler und nationaler Institutionen und Unternehmen auf Einladung der Johns Hopkins University, der Bill & Melinda Gates Foundation und des Weltwirtschaftsforums, was im Fall eines solchen Falls zu tun sei. Es ging um medizinische Maßnahmen, Reisebeschränkungen, die gerechte Verteilung von Medikamenten und Schutzmasken, um das Eindämmen von Falschinformationen und das Auffangen der desaströsen wirtschaftlichen Folgen der Pandemie, die bis zu zehn Jahre anhalten würden.[80] Am Ende war klar: Regierungen, Behörden und Unternehmen müssen enger als bisher üblich zusammenarbeiten, anders würde es nicht gehen. Und: Mit der Vorbereitung könne nicht früh genug begonnen werden, immerhin zählt die WHO 200 Epidemien pro Jahr, fast jede kann sich zu einer Pandemie auswachsen.[81]

Das Medienecho war gering, bloß ein paar Zeitungen berichteten über die Veranstaltung, die meisten mit dem Tenor, dass die Welt wohl nicht auf eine Pandemie vorbereitet sei. Und auch sonst fand der Katastrophen-Plot nicht viel Widerhall.

Ebenso wenig wie die Szenarien, die die Weltgesundheitsorganisation WHO mit der fiktiven Infektionskrankheit »Disease X« durchgespielt hat. Ebenfalls im Oktober 2019 wurden von der WHO die Handlungsweisen bei einer Virus-Pandemie evaluiert und alle nichttherapeutischen »Gesundheitsmaßnahmen zur Reduktion des Risikos einer Influenza-Epidemie oder -Pandemie« auf ihre wissenschaftliche Stichhaltigkeit hin untersucht.[82] Die Experten analysierten vier Gruppen von Maßnahmen:

a. Personenbezogene Schutzmaßnahmen wie Handhygiene, spezielles Nies- und Hustenverhalten und den Einsatz von Schutzmasken.

b. Umgebungsbezogene Maßnahmen wie Oberflächenreinigung, den Einsatz von UV-Licht oder Belüftungstechniken.

c. Contact Tracing, Isolation von Kranken und Quarantäne von Risikogruppen sowie Social-Distancing-Maßnahmen wie Schul- und Arbeitsplatzschließungen und die Meidung großer Menschenmassen.

d. Reisebezogene Maßnahmen wie Reisewarnungen, Screenings von Flugreisenden, Inlandsreiseverbote und Grenzschließungen.

Das Resümee ist eindeutig: Lediglich für die Wirksamkeit von Handhygiene und Schutzmasken gäbe es ausreichende Evidenz, stellten die Experten der WHO fest. Auch die Isolation von Erkrankten und ihren Kontaktpersonen seien effektiv. Für die Wirksamkeit von Ausgangssperren, Schließungen von Arbeitsplätzen, Grenzschließungen und Reisebeschränkungen dagegen gebe es keine gesicherte Evidenz, so die WHO-Fachleute. Die europäische Seuchenbehörde ECDC hat schon 2009 eine ähnliche Studie veröffentlich, mit den gleichen Resultaten.[83]

Warum hat dann mit März 2020 ein Großteil der Regierungen Europas genau diejenigen Maßnahmen ergriffen, deren Effektivität von den internationalen Gesundheitsexperten als unbewiesen angesehen werden? Warum wurden die bürgerlichen Freiheiten radikal eingeschränkt, Ausgangssperren verhängt, das Recht auf Bildung, auf Ausübung eines Gewerbes für ungültig erklärt, Religionsausübung verboten und sogar Kontakte mit nahen Verwandten unter Strafe gestellt, dazu noch drastische Reisebeschränkungen verhängt?

Der Anfang: Zwischen Ignoranz und Panik

Zunächst, sind sich die meisten Infektiologen, Epidemiologen und Virologen einig, hätten es die Gesundheitsbehörden durchaus in der Hand gehabt, die Ausbreitung des Virus in den Griff zu bekommen. Die Informationen aus China lagen inklusive Gencode des neuen Virus ab Mitte Januar 2020 vor, die europäische Seuchenbehörde ECDC warnte alle Regierungen, ausreichende Vorkehrungen zu treffen. Alle antworteten: Wir sind gut vorbereitet. »Es gab einen Pandemieplan, aber der war nur auf Influenza abgestimmt«, sagt Christoph Wenisch, Infektiologe an der Wiener Klinik Favoriten. »Es gab da wohl mahnende Stimmen, die aber im akademischen oder wissenschaftlichen Kontext verhallt sind. Und deshalb hat uns diese Pandemie, wenn man so möchte, kalt erwischt.«[84]

Noch gab es Infizierte fast nur in China. Einreisekontrollen wären eine wirksame Präventionsmaßnahme gewesen, um rechtzeitig den Import der Infektion zu verhindern. Im zweiten Schritt wäre die rasche Testung aller Menschen mit den bekannten Symptomen und im Fall eines positiven Befundes die Quarantäne aller Kontaktpersonen angezeigt gewesen, zieht

Alexander Kekulé, Epidemiologe und Virologe an der Martin-Luther-Universität in Halle-Wittenberg, Bilanz.[85] Einige Handvoll Infektionen ließen sich so gut in Grenzen halten, und auch die Tests waren bereits ab Ende Januar in Europa verfügbar.

Anfangs ist das auch geschehen. Am 28. Januar werden Mitarbeiter eines Auto-Zulieferers in Bayern positiv getestet, nachdem eine aus China angereiste Expertin ihnen in Workshops in Vierergruppen neues Know-how vermittelt hat. Die Kontaktpersonen der ersten Covid-Fälle in Deutschland waren rasch identifiziert, die Symptome relativ harmlos. Eine dieser Betroffenen besucht zwei Tage später eine Berghütte im Tiroler Kühtai und hat dort niemanden angesteckt, obwohl sie zwei Nächte mit 24 anderen Menschen auf engstem Raum verbrachte.[86]

Die Experten beginnen sich über Maßnahmen zur Reduzierung von Kontakten auszutauschen, aber mit Augenmaß: »Die Gesamtabschirmung von Wuhan ist in Europa weder umsetzbar, noch dürfte sie wirklich sinnvoll sein«, sagt Niki Popper, dessen Wiener Institut in der Folge die Modellberechnungen für den Lockdown in Österreich erstellen sollte, noch am 26. Januar.[87]

Auch Ende Februar scheint die Epidemie unter Kontrolle zu sein. Aber als erstmals zahlreiche Fälle in Norditalien registriert werden, werden auch die Warnungen lauter. Das Immunsystem der Menschen kennt das Virus nicht, es gibt keine Abwehr dagegen, auch speziell wirksame Medikamente oder Impfungen sind nicht vorhanden. »Es werden sich wahrscheinlich 60 bis 70 Prozent infizieren, aber wir wissen nicht, in welcher Zeit«, lässt der Virologe Christian Drosten von der Berliner Charité am 28. Februar über die dpa verlauten. Entscheidend sei das Tempo der Ausbreitung. »Das kann durchaus zwei Jahre dauern oder sogar noch länger«, sagt er weiter. Problematisch werde das Infektionsgeschehen vor allem, wenn es in komprimierter, kurzer

Zeit auftrete. »Darum sind die Behörden dabei, alles zu tun, um beginnende Ausbrüche zu erkennen und zu verlangsamen.« Die benötigte Zahl der Therapiebetten auf den Intensivstationen könne man schwer vorhersagen, aber, »wenn wir jetzt nichts tun, dann werden die vielleicht nicht ausreichen«.[88] Angela Merkel übernimmt Drostens Prognose, dass zwei Drittel der Deutschen infiziert würden, samt den Folgen für die Kliniken. Ein Ruck geht durch die Politik.

In den letzten Februartagen gibt es erste größere Cluster in Italien, es werden in fast allen Ländern größere Veranstaltungen im Freien und die meisten Veranstaltungen in Innenräumen untersagt und die Menschen aufgerufen, Hygieneregeln und Abstand einzuhalten.

Am Aschermittwoch, es ist der 26. Februar, berichtet die WHO von weltweit 81.109 bestätigten Fällen von Covid-19, davon erst 2918 außerhalb von China, wo die Zahlen bereits zurückgehen und mehr als 30.000 Betroffene schon wieder gesund sind. In Europa ist Italien mit 322 Fällen am stärksten betroffen, 18 gibt es in Deutschland, 13 in Großbritannien, zwölf in Frankreich und zwei in Österreich.[89]

TV und Printmedien haben längst ein neues Hauptthema, im Stil von Kriegsberichten wird von nun an täglich und über Monate von neuen Superlativen an Opferzahlen, neuen Ansteckungswellen und Krisen in Spitälern oder anderen Strukturen berichtet. Und die sozialen Medien kochen über vor aufgeregten Horrorprognosen und Ausgrenzung von »Panikmachern« respektive »Verharmlosern«. Virologen wie Christian Drosten werden zu Popstars der »Vernunftpanik«, wie Sascha Lobo die Stimmung beschreibt, und treiben mit millionenfach gesehenen Podcasts die Politikerinnen und Politiker vor sich her.

»Wir wurden damals beauftragt zu berechnen, wie viele Klinikbetten in Wien im Worst Case gebraucht werden«, erinnert sich Niki Popper, »da mussten wir natürlich die Annahme von Professor Drosten als Grundlage nehmen.«[90] Die gängige Annahme: Verdoppelung der Zahl der Infizierten innerhalb von drei Tagen, 20 Prozent der Infizierten müssen ins Krankenhaus, 5 Prozent in die Intensivstation, und 3 Prozent sterben.[91] Dann braucht es in Wien 6500 Klinikbetten nur für Covid-19-Patienten, fast die Hälfte der 14.000 vorhandenen Spitalsbetten. Die Betten wurden frei gemacht, Operationen verschoben, zusätzlich 800 Betten in einer Halle des Messegeländes aufgestellt. Um Katastrophen wie in Italien zu verhindern, wo sich das Virus über Wochen unbemerkt in den Intensivstationen verbreitet hat, werden in Wien sicherheitshalber ca. 1000 Patienten, die mit Lungenentzündung oder ähnlichen Atemwegsinfektionen im Krankenhaus liegen, getestet – prompt wird einer von ihnen, ein älterer Rechtsanwalt, als erster Covid-Patient ohne Auslandsbezug identifiziert. »Damals waren aber in Ischgl sicher schon viele infiziert«, weiß AGES-Experte Franz Allerberger.[92] »Leider wurde ein derartiges proaktives Vorgehen nur von den Wiener Behörden gewählt.«

Die Behörden in Ischgl reagierten, wenn überhaupt, mit Ignoranz. Und dann werden viele Tausend, die Kontakt zu Infizierten hatten, aus den Tiroler Skigebieten statt in Quarantäne einfach quer durch Europa nach Hause geschickt. »Im Februar haben wir das Fenster verpasst, das Virus einzudämmen, mit intensivem Testen und der Quarantäne für alle Kontaktpersonen, wie es die Südkoreaner und Taiwanesen getan haben«, resümiert Medizinstatistiker John Ioannidis von der Stanford University.[93] Im Gegensatz zu China, Taiwan oder Südkorea, wo seit der SARS-1-Epidemie 2002 das Personal der Gesundheitsbehörden spezielle Schulungen im raschen Finden von Kontaktpersonen von Infizierten absolviert hat, sind die Behörden nicht vorbereitet und reagieren anfangs träge.

Bei mehr als etwa 200, 300 neuen Infektionen pro Tag in einer Region ist eine rasche Eingrenzung ohne gut geschultes Personal kaum möglich. Dann geht es nur noch um Schadensbegrenzung in der Infrastruktur und im Gesundheitswesen. Immerhin werden in Deutschand und Österreich Menschen, die den Verdacht haben, infiziert zu sein, dringend gebeten, daheimzubleiben und telefonisch Rat zu suchen, statt in die Spitalsambulanz zu gehen. Das verhindert Infektionswellen innerhalb des Medizinbetriebs.

Anfang März schnellt in den Tiroler Skigebieten, in Skandinavien und in Deutschland die Zahl der positiven Testergebnisse sprunghaft in die Höhe – zunächst hauptsächlich unter Urlaubs-Heimkehrern aus dem »Ibiza der Alpen«, dann in Deutschland auch in der Folge einiger Karnevalsumzüge. Gleichzeitig gibt es die ersten drastischen Berichte aus Norditalien, wo die Infektionswelle erst erkannt wird, als sie bereits Patienten in den Intensivstationen und das Klinikpersonal erreicht hat.

»Ganz Deutschland stillzulegen, das ist ein sehr gewagter Versuch«, sagt Virologe Kekulé Mitte März. Aber dieses Experiment startet gleichzeitig in den meisten Staaten Europas. Nachdem Israels Premier Netanjahu am 9. März das Land komplett abriegelt und radikale Ausgangssperren ankündigt, verkündet Österreichs Kanzler Sebastian Kurz am 13. März den absoluten Lockdown für den 16. März. An diesem Tag verhängen auch Belgien, Frankreich, Italien, Spanien, Norwegen, Dänemark, Finnland, die Niederlande und die Schweiz das Ende der bürgerlichen Freiheiten in einem nie dagewesenen Ausmaß. Deutschland und Großbritannien folgen eine Woche später.

Viren sind schlecht in Mathematik

Was hat die Regierungen dazu veranlasst? Zunächst einmal sind da Modellrechnungen, die vorhersagen, dass bei der damals bekannten Zahl an Infektionen, die ein einzelner Erkrankter durchschnittlich herbeiführt, exponentielle Steigerungen der Erkrankungen und schließlich der Zusammenbruch der Gesundheitssysteme und Hunderttausende Tote zu erwarten wären. Die offiziellen Berater betonen alle, derartige Szenarien für falsch zu halten, aber es gibt viele Berater-Gruppen im informellen Umfeld der verantwortlichen Politiker, die einfach die dürftigen vorhandenen Zahlen hochrechnen und daraus drastischen Handlungsbedarf ableiten.

Die Modelle mögen korrekt gerechnet gewesen sein. Aber mathematische Modelle widerspiegeln nur die Zahlen, die als Annahmen getroffen wurden. Im Fall des neuen Coronavirus waren es zunächst erste Zahlen aus China über die Geschwindigkeit der Verbreitung und die Sterblichkeit. Da diese Zahlen aber weit überhöht waren, weil das Virus sich in Wahrheit schon Monate unbemerkt verbreiten konnte, bevor es bemerkt wurde, waren auch die Prognosen falsch. Darüber hinaus gehen diese Modellrechnungen von einer gleichmäßigen Verbreitung der Infektionen aus. Doch SARS-CoV-2 verbreitet sich keineswegs gleichförmig. »Wir gehen davon aus, dass 10 Prozent der Infizierten für 80 Prozent der Infektionen verantwortlich sind«, fasst der Virologe Hendrik Streeck die Erkenntnisse zusammen[94]. »Superspread«-Ereignisse wie in Ischgl, praktisch immer in geschlossenen Räumen, verbunden mit kühler feuchter Luft und durch Lärm verursachtes Schreien oder Singen seien für den Großteil der Verbreitung verantwortlich, während etwa 10 Prozent der Infizierten einige und 80 Prozent kaum jemanden anstecken.

So zeigt sich bereits Ende Februar, dass die reale Verbreitung des Virus anders verläuft, als in den Modellen vorhergesagt. »Wir haben bisher keinen einzigen Fall gesehen, der sich in der U-Bahn oder im Bus oder Einkaufszentrum angesteckt hat, auch Supermarkt-Verkäuferinnen wurden nie von Kunden infiziert«, weist der Infektiologe der österreichischen Gesundheitsbehörde AGES, Franz Allerberger, auf das geringe Übertragungsrisiko bei Kurzkontakten hin, »es waren immer längere Kontakte in großer Nähe unter speziellen Bedingungen.«[95] Die Infektionen habe es immer in Clustern gegeben und sie seien von »Superspreadern« ausgegangen.

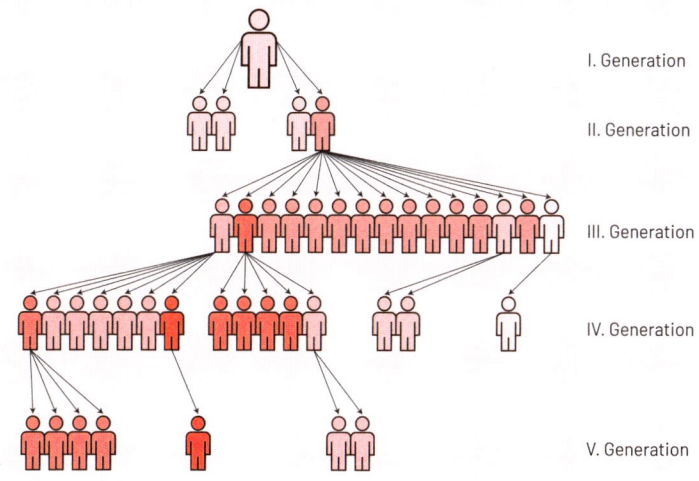

Übertragunsgskette im Cluster A

I. Generation
II. Generation
III. Generation
IV. Generation
V. Generation

Quelle: AGES

Etwa im Cluster A, der von den AGES-Mitarbeitern für den Zeitraum 24.2. bis 12.3., also vor dem Lockdown, recherchiert wurde. Ein Mann kommt von einem Mailand-Besuch nach Wien zurück, mit grippeähnlichen Symptomen geht er noch zu einem Abendessen mit zwei Bekannten. Während seine infizierte Ehefrau und sein Kind das Virus nicht weiterverbreiten, steckt die dabei infizierte Bekannte, sie ist Trainerin einer Spinning-Gruppe, im Fitnesscenter 14 Sportbegeisterte an (siehe Abbildung S. 59). Allerberger: »Unter Spinning versteht man Gruppentrainingsprogramme mit Standfahrrädern. Ideal, in einem geschlossenen Raum, bei lauter Musik, deshalb muss sie schreien. Die anderen sitzen ihr gegenüber.« Dass dies praktisch die einzigen Übertragungswege sind, ist inzwischen auch durch DNA-Fingerprinting belegt. Das Virus wandelt sich ständig ein wenig, deshalb kann man mit Gen-Analyse seinen Weg exakt nachzeichnen.

Die so entstehenden, exakt nachverfolgten »Cluster« zeigen, dass keineswegs jeder Covid-19-Patient 3,6 andere ansteckt. Statt den dann zu erwartenden 186 Erkrankten in der fünften Generation sind es gerade einmal sieben, statt der zu erwartenden drei bis vier Ansteckungen pro Patient sind es real ein wenig über einem.[96]

Entscheidend für den Lockdown in Wuhan war auch das angenommene Risiko, am neuen Virus zu sterben. Die chinesischen Mediziner gingen zunächst von einer Fallsterblichkeit von 3 bis 4 Prozent aus. Eine durchaus dramatische Zahl, die auch als Grundlage für die Modellrechnungen in Europa genommen wurde. Sie wurde allerdings zu einer Zeit berechnet, als nur Schwerkranke in den Kliniken getestet wurden, leichter Erkrankte gar nicht. Dass das Sterberisiko tatsächlich deutlich geringer war, zeigt eine Studie von chinesischen und amerikanischen Epidemiologen unter der Leitung von Sen Pei und Jeffrey Shaman, die am 16. März im angesehenen Wissenschaftsmagazin »Science« veröffentlicht wird. Die reale Zahl derjenigen, die mit dem neuen Coronavirus infiziert sind, dürfte fünf- bis zehnmal so hoch sein wie die offiziell als infiziert getesteten Patienten, vermuten die Mediziner – und damit dürfte das Risiko zu sterben nur maximal 0,9 Prozent betragen, wahrscheinlich noch weniger.

Mit den Daten der in Wuhan Erkrankten und den rund drei Milliarden Reisebewegungen rund ums chinesische Neujahrsfest, die sie aus den Handydaten ermittelten, entwickeln die Forscher ein mathematisches Modell zur Ausbreitung. Das Ergebnis: In der Zeit vom 10. bis 23. Januar, also bevor in China Reisebeschränkungen in Kraft traten, blieben mit großer Wahrscheinlichkeit 86 Prozent aller Infektionen unentdeckt.[97]

Der Grund dafür liegt inzwischen auf der Hand: 80 bis 85 Prozent der Infizierten merken nicht oder kaum, dass sie krank sind, und wurden nach dem damals in China gültigen Schema auch nicht getestet. Aber ansteckend waren sie schon – sie waren laut Studie für 79 Prozent der weiteren Infektionen verantwortlich. Auch viele Mitarbeiter der Kliniken wurden in der Folge angesteckt und gaben das Virus weiter.

Dann wurden radikale Maßnahmen gesetzt, und die waren nach wenigen Wochen erfolgreich. Steckte jeder als infiziert Getestete vorher im Schnitt 2,4 weitere Personen an, sank diese Zahl zunächst auf 1,36, später sogar auf 0,9 und schließlich auf 0,36 – das bedeutet, dass die Epidemie vorerst gestoppt war.

Aber welche Maßnahme war dabei wie erfolgreich? Die Ausgangssperren, das Reiseverbot, der bessere Schutz des Klinikpersonals oder die massiv ausgeweitete Testung auch nichtverdächtiger Menschen und die konsequente und vor allem schnelle Verhängung von Quarantäne für all jene, die mit den Infizierten in den Tagen davor Kontakt hatten?

Innerhalb von drei Wochen wurden in der Region Wuhan über 320.000 Tests durchgeführt, die das Erbgut des Virus auch schon während der Inkubationszeit anzeigen, in der niemand merkt, dass er angesteckt ist. Die Zahl der unerkannten Infektionen ging stark zurück: Statt 86 Prozent waren laut

Studie nach dem 24. Januar nur noch 35 Prozent der Infektionen unerkannt.

Bruce Aylward aus der WHO-Generaldirektion gab in einem Interview für den »New Scientist« zu dieser Frage eine klare Antwort: »Schnelle Testung bei geringstem Verdacht, rasche Isolation der Infizierten und minutiöses Tracking aller Kontaktpersonen sowie Quarantäne für diese, das waren die Maßnahmen, die Covid-19 in China gestoppt haben, nicht Reisebeschränkungen und Lockdowns.«[98] Der Epidemiologe Aylward leitete die WHO-Mission in China im Februar.

Autoritäres Domino

Die Modellrechnungen in Europa gingen immer von einer gleichmäßigen Verteilung der Infektionen aus. »Mathematische Modelle sind großartig, um Fragen herauszuarbeiten, sie sind aber ein gefährlicher Weg, um Antworten zu destillieren«, appellierten recht spät – am 24. Juni 2020 – zwei Dutzend führende Experten im Fachblatt »Nature« an die Ersteller der mathematischen Modelle.[99] Wenn sich Politiker solcher Modelle bedienen, um Maßnahmen zu begründen, sei dies Missbrauch, so das Expertenteam. Schon Abweichungen bei einer einzigen Zahl im Modell könnten aus annähernd richtigen Annahmen völlig falsche machen.[100]

Um derlei Bedenken und Unsicherheiten kümmerten sich die Berater der Regierungen in Österreich, Deutschland und der Schweiz offenbar nicht. Am 12. März tagt die österreichische Coronavirus-Taskforce unter der Leitung von Bundeskanzler Sebastian Kurz. Den Mitgliedern wurden davor noch zwei Papiere zugesandt, die ohne drastische Maßnahmen den Zusammenbruch der Krankenhäuser voraussagen. Da die Anzahl der Infizierten exponentiell steige, würden die Kapazitätsgrenzen der

Kliniken innerhalb von zwei bis drei Wochen erreicht, dann gäbe es für die Erkrankten keine Möglichkeiten der Therapie mehr, schreiben die Fachleute des »Complexity Science Hub« und ein Umweltwissenschaftler.[101]

Angesichts solcher außerordentlichen Katastrophen-Szenarien ergreifen Regierungen historisch einmalige Maßnahmen.

Sie haben im Fall einer Epidemie dazu auch weitreichende Möglichkeiten. In Deutschland verleiht das Infektionsschutzgesetz (IfSG) den Krisenstäben die Befugnis, drastisch in bürgerliche Rechte und Freiheiten einzugreifen. Es steht auch in ihrer Befugnis, Menschen »abzusondern«, ihre Post zu lesen, die Unverletzlichkeit der privaten Wohnung aufzuheben, Veranstaltungen und Demonstrationen zu verbieten, Aufenthaltsbeschränkungen und Berufsverbote auszusprechen.

In Österreich verleiht das Epidemiegesetz dem Gesundheitsminister und den ihm unterstellten Behörden ähnlich weitreichende Befugnisse. Aber der Regierung scheint das nicht genügt zu haben. Am 15. März segnet das Parlament eilig das 1. COVID-19-Maßnahmengesetz ab. »Das Virus wird Krankheit, Leid und Tod für viele Menschen in unserem Land bedeuten«, begründet der Bundeskanzler die Eile, das Gesundheitssystem würde überlastet und zumindest Zehntausende Tote wären zu erwarten. Im neuen Gesetz wird der Gesundheitsminister ermächtigt, spezielle Betretungsverbote »bestimmter Orte« im öffentlichen Raum zu verhängen.

Doch der grüne Gesundheitsminister Rudolf Anschober verordnet sofort pauschale Ausgangssperren für alle. Lediglich zur Arbeit, zu Hilfeleistungen, dringenden Besorgungen und zu Spaziergängen allein oder mit Haushaltsangehörigen darf die Wohnung verlassen werden. Ein Arztbesuch oder ein Besuch bei engen Verwandten ist demnach ebenso wenig erlaubt wie der Schulbesuch für Kinder.

Eine Ausgangssperre wie unter Kriegsrecht. Das gleichzeitig verordnete Verbot des Betretens von Betriebsstätten legt praktisch alle Gewerbebetriebe mit einem Schlag lahm. Viele Arztpraxen werden geschlossen, aus den Krankenhäusern alle Patienten heimgeschickt, bei denen das nicht lebensgefährlich ist. Tausende Klinikbetten und Intensivstationen warten auf den Ansturm der Covid-19-Patienten.

Gleichzeitig werden in Österreich die Paragrafen des Epidemiegesetzes, die den Staat zur Entschädigung der von ihm verursachten Ausfälle verpflichtet, außer Kraft gesetzt. Stattdessen sollten »Hilfsprogramme« Einzelnen Unterstützung zukommen lassen, wenn dies für erforderlich gehalten wird.

In Deutschland haben die Bundesländer mehr Einfluss, die Maßnahmen waren aber nach einer Woche der Diskussion ähnlich radikal. In etlichen Bundesländern wurde sogar verboten, das eigene Wochenendhaus zu besuchen.

Frankreich, Spanien und später auch Italien verboten sogar Wege über einen Radius von einigen 100 Metern hinaus pauschal. Lediglich mit einem schriftlichen Passierschein durfte man sich zum Arbeitsplatz bewegen. Israels Premier Netanjahu und Ungarns Viktor Orbán versuchten gar, mit den Notstandsverordnungen gleich auch das Parlament mit auszuschalten.

In Krankenhäusern und Altenheimen wurden Besuchsverbote verhängt. Den Patienten und Bewohnern dort wurde damit jeder soziale Kontakt über Monate verunmöglicht.

Die drastischen Freiheitsbeschränkungen im Lockdown wurden anfangs ohne jede nachvollziehbare und damit auch anfechtbare Begründung verhängt. Es hat im März auch kaum jemand hinterfragt, ob die Maßnahmen dem Grundsatz der Verhältnismäßigkeit solcher Einschränkungen der Grundrechte entsprechen. Auch die Medien haben ihre Rolle als Kontrollinstanz nicht wahrgenommen.

Die autoritären Maßnahmen fast aller europäischen Regierungen mögen unter Zeitdruck getroffen worden sein. Aber sie greifen grob und tief in die Rechte der Bürger ein, oft ohne nachvollziehbare Begründung. Die Höchstgerichte erwiesen sich hier als wichtiges Korrektiv: »Eingriffe in das Grundrecht der Freiheit der Person – wie Ausgangsbeschränkungen – bedürfen einer begleitenden Rechtfertigungskontrolle«, urteilte schon im April der Saarländische Verfassungsgerichtshof. »Je länger sie wirken, desto höher müssen die Anforderungen (…) sein. Das Grundrecht auf Schutz der Familie schützt auch die Begegnung mit Angehörigen einer Familie, die nicht dem eigenen Haushalt angehören. Die Ausübung eines Grundrechts ist nicht rechtfertigungsbedürftig. Vielmehr bedarf seine Einschränkung der Rechtfertigung.«[102]

Und der österreichische Verfassungsgerichtshof erklärte Anfang Juli 2020 die generellen Ausgangssperren des Gesundheitsministers für gesetzwidrig. Auch die Verpflichtung, Gründe für das ausnahmsweise Betreten des öffentlichen Raumes bei einer Kontrolle durch die Polizei glaubhaft zu machen, ging laut VfGH über die vom Gesetz vorgegebenen Grenzen hinaus.[103]

Den zweiten Lockdown, der im deutschen Gütersloh nach einem Infektionscluster in der Fleischfabrik Tönnies verhängt wurde, hat das Oberverwaltungsgericht in Münster sogar aufgehoben. Er sei unverhältnismäßig. Es wäre durchaus möglich gewesen, eine differenzierte Wertung vorzunehmen, so die Richter in ihrer Eilentscheidung. Nachdem das Infektionsgeschehen innerhalb des Kreises Gütersloh sehr unterschiedlich war und die Einschränkungen im Kreis Warendorf aufgehoben wurden, sehen die Richter einen Widerspruch zum Gleichbehandlungsgrundsatz.[104]

Es hat Jahrhunderte gedauert, die in der Verfassung moderner Demokratien verankerten Grundrechte zu erringen. Dazu

gehören der Gleichheitsgrundsatz und das Gebot der Verhältnismäßigkeit ebenso wie die Regel, dass die Exekutive nur auf der
Basis von Gesetzen arbeiten darf, die wiederum der Verfassung
entsprechen. Wollen wir das Abgleiten in einen autoritären Staat
verhindern, sollten Politik, Zivilgesellschaft und Medien darauf
wieder achten.

Die Manipulation der Angst

Zu den Durchsetzungs-Methoden moderner Politik gehören
frames und Narrative, also Erzählungen, die bildhaft die unaus-
weichliche Notwendigkeit dessen illustrieren, was gerade
gemacht wird. Darin sind viele Regierungsmitglieder inzwischen
Top-Profis. Also werden solche Erzählungen auch ausgearbeitet
und in Interviews, vor allem aber über die sozialen und konventionellen Medien mit Akribie und Elan verbreitet. Offenbar war es
allen Beteiligten am Lockdown klar, dass nur massive Angst der
Bevölkerung für ausreichende Akzeptanz der Freiheitsbeschränkungen sorgen kann, die es in diesem Ausmaß bislang noch nie
in demokratischen Staaten gegeben hat.

Also wurden *frames* ausgearbeitet, die Schock und Angst
verbreiten und die Maßnahmen als einzig mögliche Schritte
zur Rettung von Leben darstellen sollten. »Um die gewünschte
Schockwirkung zu erzielen, müssen die konkreten Auswirkungen einer Durchseuchung auf die menschliche Gesellschaft ver-
deutlicht werden«, heißt es in einem von Experten fürs deutsche
Innenministerium verfassten Strategiepapier – es ist immer noch
auf der Homepage des Ministeriums nachzulesen.

Die beschriebenen Vorschläge und Katastrophen-Bilder
illustrieren das weitere Vorgehen der Politiker und der Medien
sehr plakativ:

»1) Viele Schwerkranke werden von ihren Angehörigen ins Krankenhaus gebracht, aber abgewiesen, und sterben qualvoll um Luft ringend zu Hause. Das Ersticken oder nicht genug Luft kriegen ist für jeden Menschen eine Urangst. Die Situation, in der man nichts tun kann, um in Lebensgefahr schwebenden Angehörigen zu helfen, ebenfalls. Die Bilder aus Italien sind verstörend.

2) ›Kinder werden kaum unter der Epidemie leiden‹: Falsch. Kinder werden sich leicht anstecken, selbst bei Ausgangsbeschränkungen, z. B. bei den Nachbarskindern. Wenn sie dann ihre Eltern anstecken, und einer davon qualvoll zu Hause stirbt und sie das Gefühl haben, schuld daran zu sein, weil sie z. B. vergessen haben, sich nach dem Spielen die Hände zu waschen, ist es das Schrecklichste, was ein Kind je erleben kann.

3) Folgeschäden: Auch wenn wir bisher nur Berichte über einzelne Fälle haben, zeichnen sie doch ein alarmierendes Bild. Selbst anscheinend Geheilte nach einem milden Verlauf können anscheinend jederzeit Rückfälle erleben, die dann ganz plötzlich tödlich enden, durch Herzinfarkt oder Lungenversagen, weil das Virus unbemerkt den Weg in die Lunge oder das Herz gefunden hat. Dies mögen Einzelfälle sein, werden aber ständig wie ein Damoklesschwert über denjenigen schweben, die einmal infiziert waren. Eine viel häufigere Folge ist monate- und wahrscheinlich jahrelang anhaltende Müdigkeit und reduzierte Lungenkapazität, wie dies schon oft von SARS-Überlebenden berichtet wurde und auch jetzt bei COVID-19 der Fall ist, obwohl die Dauer natürlich noch nicht abgeschätzt werden kann.

Außerdem sollte historisch argumentiert werden, nach der mathematischen Formel: $2019 = 1919 + 1929$

Man braucht sich nur die oben dargestellten Zahlen zu veranschaulichen bezüglich der anzunehmenden Sterblichkeitsrate (mehr als 1 % bei optimaler Gesundheitsversorgung, also weit über 3 % durch Überlastung bei Durchseuchung), im Vergleich zu 2 % bei der Spanischen Grippe, und bezüglich der zu erwartenden Wirtschaftskrise bei Scheitern der Eindämmung, dann wird diese Formel jedem einleuchten.«

In Österreich ging Bundeskanzler Sebastian Kurz, ein Virtuose des *framings*, sogar noch einen Schritt weiter. Er beauftragte Ende März ein Mathematiker-Team mit einer noch tristeren Prognose-Rechnung, nach der in Österreich durch Covid-19 ohne Verschärfung der Maßnahmen 100.000 Tote zu erwarten seien. Damals sanken die Infektionszahlen bereits deutlich. »Bald wird jeder jemanden kennen, der am Virus gestorben ist«, verkündet der Kanzler dennoch. Die aktuell flacher werdende Infektionskurve sei kein Grund zur Entspannung. Immer noch gebe es Orte, an denen »die Menschen gar nicht nachkommen, die Leichen wegzuführen, weil es so viele gibt«.[105]

»Wir sollten versuchen, die derzeitige Sprachregelung bald zu ändern und möglichst schnell von der Botschaft ›ganz gefährliches Virus‹ wegkommen«, warnt dagegen AGES-Experte Allerberger schon am 14. März das Beraterkollegium. »Das Virus ist so weit verbreitet, dass alles andere dazu führen wird, alles lahmzulegen, was Kollateralschäden verursacht, die weit über Covid-19 hinausgehen. Jede Botschaft, die als ›ganz gefährliches Virus‹ missinterpretiert werden kann, ist kontraproduktiv. Sars-CoV-2 ist für über 80 Prozent der Bevölkerung nicht gefährlich.«[106]

Auch Günter Weiss, Internist und geschäftsführender Direktor der Medizinischen Universität Innsbruck, unterstützt

Allerberger: »Wir müssen verhindern, dass aufgrund des Ressourcendrives zu Covid-19 alle anderen Patienten auf der Strecke bleiben oder die ›vulnerablen‹ Alten unterversorgt sind und dann mehr Menschen durch diese Maßnahmen zu Tode kommen als durch das Virus selbst.«[107]

Vergeblich. Beide Mediziner blieben im Beraterstab von Gesundheits- und Innenminister mit ihrer Meinung in der Minderheit.

Die Pandemie der *panic news*

»Das passende Wort dazu ist ›dysfunktionale Dramatisierung‹«, sagt der Virologe Jonas Schmidt-Chanasit vom Bernhard-Nocht-Institut in Hamburg.[108] »Das ist auch aus virologisch-epidemiologischer Sicht vollkommen kontraproduktiv. Das bringt gar nichts, ständig wie die aufgescheuchten Hühner umherzurennen. Es braucht eine sachliche Einschätzung der Lage, vor allem muss sie auch stimmig sein.« Zur aufgeheizten Stimmung haben neben der Politik auch die Medien ihren Teil beigetragen.

Manche Zeitungen und TV-Anstalten – leider auch die öffentlich-rechtlichen – haben offenbar das Strategiepapier aus Horst Seehofers Ministerium und Kurz' düstere Prognosen als Drehbuch verwendet, auf Twitter und Facebook verbreiteten sich die Katastrophen-Szenarien obendrein exponentiell. »Es sterben bereits Kinder an Covid-19«, wurde getitelt. So war einem Bericht des Schweizer »Tages-Anzeigers« zufolge ein neunjähriges Mädchen in der Todesstatistik. In Wirklichkeit war die Betroffene eine 109 Jahre alte Frau. »Wir haben bei der Erfassung des Falles das Geburtsdatum versehentlich auf 2011 statt 1911 gesetzt«, erklärte das Schweizer Bundesamt für Gesundheit (BAG) die Fehlinformation. In der Statistik war zudem der Tod eines 27-Jährigen aufgeführt. Es wäre der bislang einzige Corona-Todesfall in der Schweiz in der Altersgruppe der 20- bis 29-Jährigen gewesen. Inzwischen hat sich herausgestellt: Der Mann war eigentlich 87 Jahre alt. Das Geburtsjahr wurde vom zuständigen Arzt im Meldeformular falsch eingetragen: 1992 statt 1932.[109]

Besonders eindrucksvoll waren die Bilder aus Italien. Intensivstationen, in deren Betten Menschen auf dem Bauch liegen, verschreckten ebenso wie Bilder von Särgen. Am 18. März auf Facebook wieder ein Aufruf: »Auch Deutschland wird sich an dieses Bild gewöhnen müssen. Erst recht, wenn weiterhin alle Beschlüsse mit Füßen getreten werden. BITTE BITTE BLEIBT ZUHAUSE, WENN IHR WEITER LEBEN WOLLT.« Dazu ein Stapel Särge, angeblich in der Lombardei. Viele tausendmal geteilt. Das Team des Recherchezentrums »Correctiv« recherchierte die Herkunft des Bildes: Es stammt von Getty Images und entstand schon 2013. Es zeigt die Särge von ertrunkenen Flüchtlingen in Lampedusa.[110]

»Militärtransporter müssen die Leichen aus der Stadt schaffen«, titelten die TV-News zu den Bildern einer Kolonne von Militär-Lkws. Verstörende Bilder eines Massensterbens. Warum die Lkws gebraucht wurden, wurde nicht erzählt. Die meisten Bestatter hatten ihren Betrieb geschlossen, aber nach der Direktive des Innenministers mussten die Toten sofort bestattet werden. Entgegen verbreiteter katholischer Tradition der Sargbestattung stimmten nun viele Verwandte per WhatsApp oder telefonisch einer schnellen Einäscherung zu. Aber es gibt in der Region nur ein kleines Krematorium in Bergamo mit einer Feuerstelle. Die Stadt musste die Särge zeitweise sogar in einer Kirche unterbringen, weil im Krematorium kein Platz war. Särge können aber nicht einfach so ein paar Tage herumstehen. Die Lkws brachten sie schließlich zu anderen Krematorien.[111]

Auch die Bilder von Särgen in Kühlhallen in New York sorgten für Angst und Entsetzen. »Die wurden angeblich in Kühlhallen gestapelt, um sie in Massengräbern zu bestatten«, kommentiert der in New York lebende Schriftsteller Daniel Kehlmann die apokalyptischen TV-Berichte in der »Süddeutschen Zeitung«. »Tatsächlich war es so, dass Begräbnisse mit versammelten Angehörigen der Kontaktsperren wegen nicht möglich waren. Deswegen wurden die Toten sozusagen zwischengelagert, bis man sie wieder angemessen zu Grabe tragen kann.«[112]

Aber manipulative Bilder und Narrative gab und gibt es auch von anderen Seiten zuhauf. Nur ein Beispiel: Weil die Gates-Stiftung an dem bereits erwähnten Meeting im Oktober 2019 in New York beteiligt war, vermuten Verschwörungstheoretiker seither etwa, Bill Gates habe das Virus verbreiten lassen, um eine allgemeine Impfpflicht durchzusetzen.

Epidemien und Politik

Die Abschirmung der Infizierten und ihrer Kontaktpersonen ist schon seit Jahrtausenden ein probates Mittel, um Epidemien einzudämmen.

Im Oströmischen Reich, in der Spätantike, gab es wahrscheinlich die erste Pandemie. Transportiert von den mit den Lebensmitteln reisenden Ratten und unter Menschen durch Flohbisse verbreitet, raffte *Yersinia pestis*, beginnend um das Jahr 540 n. Chr., von Ägypten bis England ein Drittel der Bevölkerung dahin; dieser Pestbazillus kam über zwei Jahrhunderte in Wellen immer wieder. Mittel dagegen fanden die Herrscher nicht, das Reich zerfiel möglicherweise auch deshalb.[113]

Die Abschottung neu hinzugekommener Menschen hat wohl die Stadtverwaltung von Ragusa erfunden, dem heutigen

Dubrovnik an der kroatischen Küste. Ragusa gehörte im Jahr 1377 zur Republik Venedig. Die Pest grassierte wieder in Europa und kostete nicht nur Menschenleben, sondern vor allem viel Geld. Denn aus Angst vor der Seuche, die vorrangig in Handelsstädten auftrat, schlossen viele Städte ihre Tore und der Handel, die wichtigste Einnahmequelle, kam zum Erliegen.

Ragusa konnte und wollte sich das nicht mehr leisten und ordnete an: Alle ankommenden Schiffe müssen 30 Tage an einer vorgelagerten Insel ankern. Händler, die über Land in die Stadt kommen wollen, müssen 40 Tage warten, ob sie Symptome der Pest entwickeln. Dem Beispiel folgten auch die anderen Völker des Mittelmeerraums, wie die Franzosen oder Spanier. Ihre Bezeichnung für 40 – *quaranta* oder *quarante* – wird noch heute für diese Art der Isolation verwendet. Nur, dass die sich heute nach der Erkenntnis richtet, wie lange eine Krankheit braucht, bis sie ausbricht. Die 40 Tage waren damals wohl eher aus Aberglauben und Religiosität festgelegt worden.[114]

In Venedig stellten die Regierenden einen »pass a porto« aus: Mit diesem Ausweis gelang es, den Verkehr von Personen und Waren zu kontrollieren. Im Kloster Nazareth in der Lagune entstand außerdem das erste Pestkrankenhaus auf einer Insel, um Kranke gezielt isolieren zu können. Die Regeln wurden allerdings oft umgangen, die Behörden hatten immer auch die Wirtschaft im Auge. Und eine generelle Ausgangssperre oder ein Verbot der Berufsausübung für alle hat es nie gegeben.[115]

Schikane und Schutz lagen bei der Seuchenbekämpfung in den folgenden Jahrhunderten dicht beieinander. Oft wurden Fremde als Unheilbringer diskreditiert. Während der Hamburger Cholera-Epidemie 1892 etwa wurden Osteuropäer, die über die Hansestadt nach Amerika auswandern wollten, isoliert, weil man sie verdächtigte, die Seuche eingeschleppt zu haben. In New York mussten Einwanderer aus der Alten Welt tagelang auf Ellis

Island ausharren. Und die Schweiz steckte während des Zweiten Weltkriegs Asylsuchende zunächst in Quarantänelager, bevor sie ins Land gelassen wurden.

Aber manchmal haben sich Abschottungen auch bewährt. Australien etwa blieb wohl wegen eines kompletten Einreiseverbots 1919 als einziger Erdteil von der Spanischen Grippe verschont.

Als die Welle der Spanischen Grippe anschwoll, versuchten einzelne Städte in den USA mit Schulschließungen, Verboten von Großveranstaltungen und drastischen Einschränkungen des Verkehrs die Ansteckungen zu bremsen. Martin Cetron, Internist und Infektionsbiologe, hat gemeinsam mit Kollegen der MedUni in Michigan 2007 die Maßnahmen verglichen, die 43 amerikanische Städte zwischen 8. September 1918 und 20. Februar 1920 ergriffen hatten, um die Infektion zu stoppen.[116] Oder nicht ergriffen hatten.

Die Stadtväter von Philadelphia etwa wollten sich vom Grippevirus nicht ihre seit langer Zeit geplante Parade am 28. September verderben lassen, 200.000 Menschen nahmen an der »Liberty Loan Parade« teil, Schulkinder schwangen Fähnchen, Militärkapellen spielten auf. 600 Kranke wurden zu diesem Zeitpunkt in der Stadt gezählt, drei Tage später, am 1. Oktober, hatte sich die Zahl der Infizierten mehr als verdoppelt. Erst danach wurde das öffentliche Leben eingeschränkt. Innerhalb der nächsten sechs Monate steckten sich 500.000 der 1,2 Millionen Einwohner von Philadelphia an, 16.000 starben.

Anders in St. Louis. Dort wurden bereits zwei Wochen nach dem ersten Krankheitsfall Schulen, Kirchen, Theater und Saloons geschlossen, Sport- und andere Veranstaltungen abgesagt.[117] Die Todesrate war mit 358 von 100.000 Einwohnern weniger als halb so groß wie in Philadelphia. »Die Spanische Grippe hat nicht wahllos jeden getötet«, sagt Infektionsbiologe Cetron.

Vielmehr hätten es die Städte in der Hand gehabt, klassische Public-Health-Maßnahmen zu setzen und damit das Ausmaß der Pandemie zu beeinflussen.

Von einem Lockdown wie Anfang 2020 in Wuhan – und dann in fast ganz Europa – waren diese Maßnahmen freilich weit entfernt, die Wirtschaft blieb unbehelligt.

Wie der Lockdown wirkte

So massiv wie ab März 2020 in Europa hat die Politik noch nie auf eine Krankheit reagiert. An der Asiatischen Grippe 1957/58 sind 20 Prozent der Weltbevölkerung erkrankt und vermutlich zwei Millionen gestorben, die Hongkong-Grippe 1968/69 forderte mehr als eine Million Menschenleben, ohne dass die Politik darauf drastisch reagierte. Massenveranstaltungen wie das legendäre Woodstock-Festival in diesem Jahr zeugen davon. Bei den Epidemien mit den Viren SARS 1 und MERS, an denen fast ein Drittel der Infizierten starben, gab es erste Versuche des Trackings.

So drastisch wie bei SARS-CoV-2 sind die Menschen in den demokratischen Staaten noch nie an der Ausübung ihrer Rechte gehindert worden. Der Lockdown stürzt die Industriestaaten in die größte Wirtschaftskrise seit mehr als 70 Jahren. Aber die große Mehrheit nahm das hin und identifizierte sich vollständig mit dem Lockdown. Menschen, die Zweifel äußerten, wurden rasch und radikal als »Corona-Leugner« und »Gefährder« abgestempelt. Die Beliebtheitswerte der Politiker, die für strenge Maßnahmen und die Bestrafung abweichenden Verhaltens eintreten, stiegen in nie dagewesene Höhen. Enkel wurden von den Großeltern ferngehalten, Bewohner von Heimen und Spitalspatienten blieben isoliert, Arbeitsplätze verwaisten, Kulturschaffende durften nichts tun, Parks und Straßen waren leer, öffentliche Verkehrsmittel ebenfalls. Angst war und ist in vielen Augen lesbar, bei Begegnungen am Bürgersteig wurden sicherheitshalber lieber drei Meter Abstand gehalten.

Die Angst sitzt tief und die Bereitschaft, sich und andere eingesperrt zu lassen, ist hoch. Zehntausende wurden bestraft, weil sie auf Parkbänken saßen, zu zweit im Auto fuhren oder mit einem Kind den Spielplatz besuchten. Sachsens Ministerpräsident Michael Kretschmer forderte Haftstrafen für Menschen, die sich nicht an die Ausgangssperren halten, in Bayern wurden Einzelne auch tatsächlich inhaftiert.[118] In Stuttgart forderte der grüne Ministerpräsident Winfried Kretschmann die Menschen auf, ihre Nachbarn bei Verstößen gegen die Beschränkungen anzuzeigen, denn »da geht es jetzt wirklich um Menschenleben«, betonte der Regierungschef, »die Polizei kann nicht alles entdecken«.[119]

Die Infektionswelle ebbte tatsächlich relativ rasch ab. Die drastischen Freiheitsbeschränkungen haben da sicher eine Rolle gespielt, immerhin wurden die Sozialkontakte etwa in Österreich über mehrere Wochen um 90 Prozent reduziert, in Deutschland um rund 60 Prozent. Allerdings wurden die Kontakte auch in Italien um mehr als 80 Prozent reduziert, trotzdem gab es wesentlich mehr Kranke und Tote.[120]

Ob die totale Stilllegung des öffentlichen Lebens tatsächlich nötig war, um die Epidemie einzudämmen, bleibt aber umstritten. Die Reproduktionszahl ist ein entscheidender Parameter im Infektionsgeschehen. Bei Grippe beträgt sie etwa 1,2, bei Masern 18, bei Covid-19 soll sie 3,6 betragen – was bedeutet, dass ein Infizierter im Durchschnitt 3,6 andere Menschen ansteckt. Diese Zahl gilt jedoch nur, wenn noch niemand in der Bevölkerung immun ist, es keine Impfung gibt und auch keine Maßnahmen zur Eindämmung des Virus getroffen wurden. Erreicht man durch verschiedene Maßnahmen die Zahl 1, gibt es keinen Anstieg mehr: Ein infizierter steckt durchschnittlich eine weitere Person an.

Ein Forscherteam der renommierten ETH Zürich hat für Europa errechnet, dass diese Reproduktionszahl schon deutlich gesunken war, als die Freiheitsbeschränkungen eingeführt wurden.[121] Offenbar haben die überall schon etwa zehn Tage davor ergriffenen Maßnahmen sehr weitgehend gewirkt: Verbot von Großveranstaltungen; Appelle, Abstand zu halten und Hygienemaßnahmen einzuhalten (siehe Abbildung S. 77).

Andere Forscher wiederum haben in ihren auch schon zuvor eingesetzten Modellen berechnet, dass ohne frühzeitigen Lockdown viermal mehr Infizierte zu verzeichnen gewesen wären. »Eine nur sieben Tage verspätete Reaktion hätte einen sehr starken Effekt gehabt«, betonte Niki Popper, Berater des österreichischen Gesundheitsministers. »Jeder Tag später hätte Ressourcen gekostet und uns an den Rand des Systems gebracht«, erläuterte der Experte.[122]

Popper simulierte rückblickend auch die Auswirkungen einer früheren Öffnung aller Geschäfte und Schulen. Wieder alles perfekt, alles richtig: Am 14. April durften in Österreich kleine Geschäfte sowie Bau- und Gartenmärkte öffnen, für Maturaklassen startete am 4. Mai der Unterricht wieder. Wären Geschäfte und Schulen bereits am 1. April geöffnet worden, »wäre die Kurve sehr rasant nach oben gegangen«, sagte Niki Popper. »Da wäre die Post wieder abgegangen.«

Doch die Post ist nie abgegangen. Die Klinikbetten und leer geräumten Intensivbetten blieben zu drei Vierteln leer. Es gab auch im ersten Halbjahr 2020 in Österreich und Deutschland mehr Grippetote als Covid-19-Tote.

»Virusepidemien verlaufen halt immer in Wellen, das ist auch bei den anderen schon lange bekannten vier Coronaviren

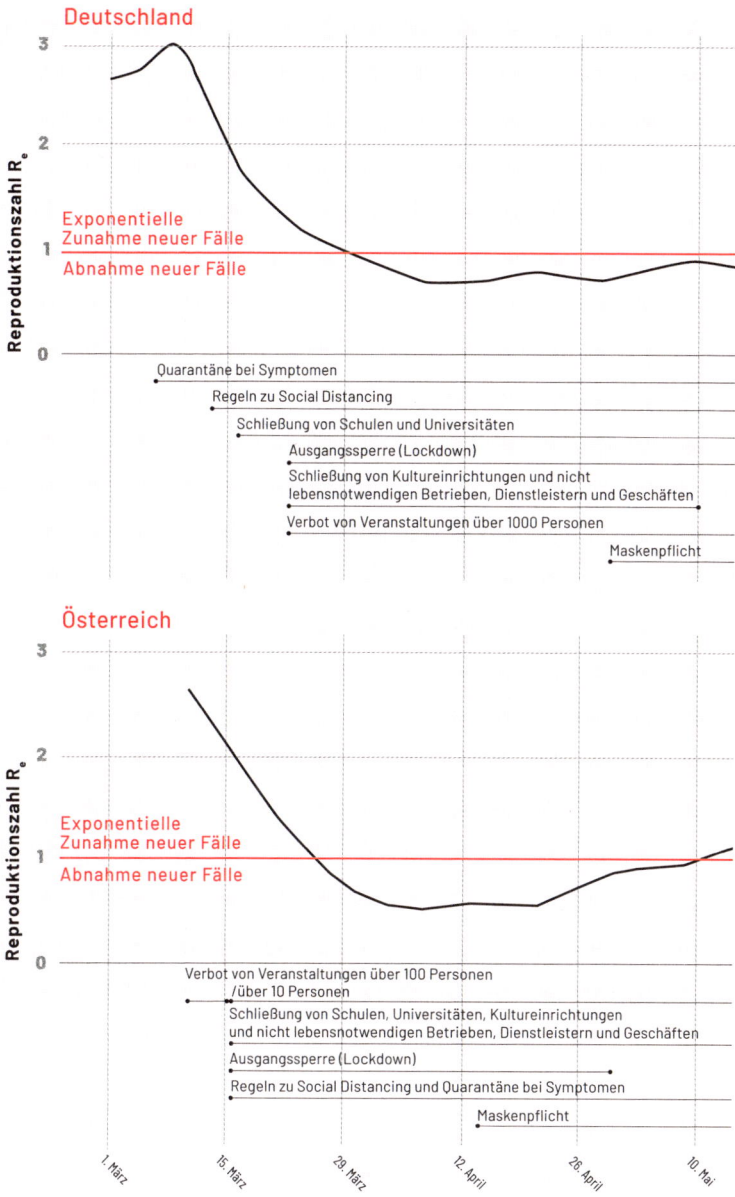

Deutschland

Reproduktionszahl R_e

3

2

Exponentielle
Zunahme neuer Fälle

1

Abnahme neuer Fälle

0

Quarantäne bei Symptomen

Regeln zu Social Distancing

Schließung von Schulen und Universitäten

Ausgangssperre (Lockdown)

Schließung von Kultureinrichtungen und nicht
lebensnotwendigen Betrieben, Dienstleistern und Geschäften

Verbot von Veranstaltungen über 1000 Personen

Maskenpflicht

Österreich

Reproduktionszahl R_e

3

2

Exponentielle
Zunahme neuer Fälle

1

Abnahme neuer Fälle

0

Verbot von Veranstaltungen über 100 Personen
/über 10 Personen

Schließung von Schulen, Universitäten, Kultureinrichtungen
und nicht lebensnotwendigen Betrieben, Dienstleistern und Geschäften

Ausgangssperre (Lockdown)

Regeln zu Social Distancing und Quarantäne bei Symptomen

Maskenpflicht

1. März   15. März   29. März   12. April   26. April   10. Mai

Quelle: ECDC/ETH Zürich

klassisch, aber eben auch bei Influenza«, resümiert dagegen AGES-Infektiologe Franz Allerberger über den Anstieg und den Abfall der Infektionszahlen. »Das führen manche auf Maßnahmen zurück, aber wir wissen eigentlich nicht, wieso die Welle kommt und wieso sie wieder verschwindet.«[123]

Ein anderes Team an der ETH hat versucht, aus den Daten von 20 Ländern herauszurechnen, welche der Maßnahmen welchen Effekt hat. Ihr Modell, das sicher davon ausging, die Wirksamkeit zu demonstrieren, brachte folgendes Ergebnis: Veranstaltungsstopps reduzierten die Infektionen um 36 Prozent, Grenzschließungen um 31 Prozent, Schulschließungen um 8 Prozent und Lockdowns um 5 Prozent.[124]

Schließlich zeigte die erste wirklich flächige Analyse einer Region, wie richtig die vorsichtigen Schätzungen von Ioannidis und Co und wie falsch die Horrorprognosen sind: »Es waren alle interessiert, zu verstehen, was in ihrem Ort los ist«, sagt die Virologin und Studienleiterin Dorothee van Laer von der Medizinischen Universität Innsbruck.[125] 79 Prozent aller Bewohner der Gemeinde Ischgl nahmen an der Studie teil, insgesamt 1473 Personen aus 479 Haushalten wurden getestet. Dabei wurden Abstriche für PCR-Tests abgenommen sowie Blutproben für Antikörpertests.

Durch Antikörpertests können bereits vergangene Infektionen aufgespürt werden, und diese fanden sich bei 42,4 Prozent der Einwohner. 85 Prozent der Infizierten haben allerdings gar nicht bemerkt, dass sie angesteckt waren. »Viele wurden auch nicht getestet, weil sie bei der Telefonnummer 1450, die man anrufen musste, um einen Test zu bekommen, einfach nicht durchgekommen sind«, berichtet Studienautorin Dorothee von Laer.[126]

Ebenfalls auffallend: Bei Kindern unter 18 Jahren betrug der Anteil der Infizierten nur 27 Prozent, also deutlich weniger, und

Kinder waren auch noch öfter ohne Symptome. Auch das ist eine Bestätigung der These von vielen Virologen, die gegen Schulschließungen plädieren.

Auffallend ist auch die geringe Zahl der Erkrankten, die ins Krankenhaus mussten. Immerhin waren mehr als 600 Personen infiziert, nur neun brauchten ein Spitalsbett, also 1,5 statt der in den Modellrechnungen angenommenen 15 Prozent – und nur einer davon auf einer Intensivstation, also 0,13 statt 5 Prozent. Zwei Personen starben, die Infektionssterblichkeit liegt demnach bei 0,26 Prozent. Zu ähnlichen Ergebnissen war auch schon eine Studie im deutschen Heinsberg gekommen, allerdings mit einem geringeren Prozentsatz an Teilnehmern aus der Region – weshalb die Ergebnisse von Virologen wie Christian Drosten als fragwürdig dargestellt wurden.

Inzwischen haben fast alle Modell-Rechner umgedacht. Testen, Tracking und Quarantäne ausschließlich der Infizierten und ihrer Kontaktpersonen sollte reichen. Laut einer Modellrechnung von Forschern des Berliner Robert-Koch-Instituts scheint es sogar so zu sein, dass die Nachverfolgung dabei gar nicht perfekt sein müsste. Wenn man 60 Prozent der Infizierten erfasste und es gelänge, 60 Prozent ihrer Kontaktpersonen zu isolieren, hielten sich danach die Zahlen der Verstorbenen während der gesamten Pandemie in halbwegs erträglichen Grenzen. Insgesamt bliebe es bei wenigen Tausend Toten.[127] Wichtig ist allerdings, dass die Testungen und die Nachverfolgung der Kontaktpersonen rasch erfolgen. Länder mit einem funktionierenden Gesundheitssystem sind dazu in der Lage. Die Infektionswellen in den USA, aber auch in Schwellenländern wie Brasilien und Mexiko zeigen, wie wichtig diese Fähigkeiten sind. Dort wird allenfalls ungezielt getestet.

Viraler Charme im Darm

Viren findet man auf dem ganzen Globus, sie sind die häufigsten Daseinsformen überhaupt, wesentlich häufiger als Bakterien. In uns gibt es weit mehr davon, als wir selbst Zellen haben. Im Darm regulieren Viren auch das Bakterien-Mikrobiom.

An die Vorstellung, dass der Mensch eine riesige Anzahl an gutartigen Bakterien in seinem Darm beherbergt, dürften sich die meisten bereits gewöhnt haben. Doch die Erforschung der Darmflora und ihrer Bedeutung für die menschliche Gesundheit bringt noch zahlreiche andere Mikroorganismen zutage: Im Magen-Darm-Trakt mit seiner Oberfläche von mehr als 200 Quadratmetern tummeln sich neben Bakterien auch Archaeen, Viren und Pilze – bis zu 400 Trillionen Mikroben sollen es sein.[128]

Das Virom – die Gesamtheit aller Viren im und am Menschen – setzt sich in den Schleimhäuten von Nase und Rachen anders zusammen als im Darm. Aber es sind überall viele: Während die Bakterien die Zahl der menschlichen Zellen um den Faktor 10 übertreffen, ist es bei den Viren der Faktor 100.[129] Bis vor wenigen Jahrzehnten war nicht viel von diesen Mikroben bekannt, meist wurden sie nur als Krankheitserreger zum Gegenstand der Wissenschaft. In den Fokus der Forschung gerieten sie erst, als es durch die Methoden der Mikrobiologie möglich wurde, sie unter normalen Bedingungen zu identifizieren, ohne sie in der Petrischale züchten zu müssen.

Inzwischen weiß man, dass die Winzlinge unsere Freunde sind, die eine Abwehrfront gegen Eindringlinge darstellen, dass »die Mikroorganismen, die mit uns zusammenleben, uns sozusagen bedienen, sie geben uns weitere Funktionen zur Hand, die wir selber nicht mehr erfüllen können«, wie es Christine Moissl-Eichinger ausdrückt.[130] Die Mikrobiologin leitet die Interaktive Mikrobiomforschung an der Medizinischen Universität Graz.

Die meisten der Mikroorganismen, die dieses Mikrobiom ausmachen, sitzen im Magen-Darm-Trakt und stellen dort ein komplexes Ökosystem dar. Rund zwei Kilo wiegt die Mikrobenmasse im Darm, ungefähr so viel wie das menschliche Gehirn. Sie sorgt nicht nur für die Verdauung und Verwertung der Nahrung, sondern ist für viele essenzielle Prozesse im Körper verantwortlich. Beispielsweise trainiert das Mikrobiom das Immunsystem. Werden Mäuse speziell ohne Darmflora gezüchtet, sind sie anfällig für Infektionskrankheiten.[131] Die Zusammensetzung des Mikrobioms ist von Mensch zu Mensch verschieden, sie hängt von der Ernährung, der Lebensweise, dem Funktionieren des Immunsystems und von der Einnahme von Medikamenten ab. Wichtig ist, so weit ist die Wissenschaft bereits, »je diverser, umso besser«, sagt Moissl-Eichinger. Studien haben gezeigt, dass das Mikrobiom des westlichen Menschen im Vergleich etwa zu dem von Eingeborenenstämmen in Südamerika oder Afrika bereits in seiner Vielfalt reduziert ist.

Dunkle Materie

Die Rolle von Viren im Darmtrakt ist allerdings erst in Ansätzen geklärt, es gibt noch nicht viele Studien dazu. Wer den Begriff »Darmviren« googelt, bekommt als Treffer die Krankmacher, die Brechdurchfälle verursachen. Dabei tummeln sich Schätzungen zufolge im Darm mehr Viren als Bakterien, ohne irgendeinen Schaden anzurichten. Wie viele es sind, weiß man nicht, denn bisher sind längst nicht alle der viralen Darmsiedler bekannt, und Unbekanntes können die Forscher auch mit den ausgeklügeltsten Gentechniken nicht erkennen.[132] Die Forscher sprechen deshalb von einer großen »dunklen Materie«.

In den Fokus des Interesses kamen die nützlichen Viren im Darm erst, seitdem sie nicht mehr kultiviert werden müssen, um sie zu identifizieren, sondern das genetische Material direkt aus gewonnenen Proben extrahiert und anschließend untersucht werden kann – »Metagenomik« heißt dieser Prozess unter Wissenschaftlern. Es ist noch keine 20 Jahre her, dass ein Team um den Biologen Forest Rohwer das erste Mal Viren in menschlichem Stuhl sequenzierte.[133]

90 Prozent der bisher beschriebenen Viren im Darm sind Bakteriophagen (siehe auch Seite 158 ff.), Viren, die sich in Bakterien einnisten, meist in Bifido- oder Coli-Bakterien. Auf diese Weise helfen sie diesen für uns nützlichen Bakterien, sich anderen gegenüber durchzusetzen.[134] Denn es sind die Phagen, die gewisses Genmaterial in die Bakterien einschleusen, wodurch diese in die Lage versetzt werden, sich an die unterschiedlichsten Gegebenheiten anzupassen. Es gibt aber auch Viren im Darm, die sich dort lebende Pilze zum Wirt nehmen.

Bereits im Darm von Neugeborenen tummeln sich Viren und Bakterien. Bis es zu einem gedeihlichen Miteinander und damit zu einer gesunden Darmflora kommt, dauert es allerdings ein Weilchen. »Das ist ein hochdynamischer Prozess«, sagt die Kinderärztin Lori Holtz von der Washington University School of Medicine in St. Louis.[135] Rund die Hälfte der Viren aus Stuhlproben von eine Woche alten Babys können zehn Tage später schon nicht mehr nachgewiesen werden.[136]

Ob die Viren schon im Mutterleib auf das Kind übergehen oder erst während der Geburt, darüber scheiden sich die Forschergeister noch.

Jedenfalls prägen die Lebensumstände in den ersten Jahren das Darmmilieu. Da das auch die Zeitspanne ist, in der das Immunsystem heranreift, »könnte diese Phase auch über den Gesundheitszustand im Erwachsenenalter entscheiden«, sagt Holtz. Gestillte Kinder erkranken jedenfalls seltener an einer Viruserkrankung. In Stuhlproben von drei bis vier Monate alten Babys sind bereits Viren nachzuweisen, die menschliche Zellen angreifen und potenziell krankmachend sind. Bekommen die Kinder Muttermilch, ist die Konzentration dieser Viren geringer.[137] Auch Studien mit mangelernährten Kindern deuten darauf hin. Bei ihnen wird die Bildung eines gesunden Darmmilieus behindert; das Verhältnis zwischen Viren und Bakterien ist dann nicht so, wie es bei gleichaltrigen gesunden Kindern der Fall ist.

Im späteren Leben stellt die Darmflora ein recht stabiles Gleichgewicht dar. Zuweilen überkommt die Viren aber doch der Killerinstinkt und sie bringen die Bakterien-Wirte zum Platzen. Der US-amerikanische Immunologe Jason Norman hat gezeigt, wie sehr sich das Mikrobiom von Menschen mit chronisch-entzündlichen Darmerkrankungen von jenem gesunder Menschen unterscheidet: Bestimmte Viren werden im Geschehen den Bakterien gegenüber zunehmend dominanter.[138] Was sie dazu veranlasst, was Ursache und was Wirkung ist, muss erst genauer ergründet werden. Jedenfalls sind es die Bakterienfragmente und die Nukleinsäuren der Viren, die die Entzündung im Darm aufrechterhalten.

Therapie aus der Dreck-Apotheke

Besonders unangenehm kann es im Darm werden, wenn das Bakterium Clostridium difficile alles andere überwuchert. Antibiotika-Therapien, aber auch die andauernde Einnahme von Medikamenten zur Hemmung der Magensäureproduktion – missverständliche »Magenschutz« genannt – begünstigen das. Schmerzhafte Durchfälle, die nicht gestoppt werden können, bis hin zur Darmentzündung mit Fieber können die Folge sein. Bei mangelnder Hygiene werden die Sporen des Erregers auch im Krankenhaus übertragen. In Österreich ist die Rate von Clostridium-difficile-Infektionen im Spital seit 2002 um das Dreifache gestiegen, in Deutschland gar um das Sechsfache.[139] 10.000 bis 15.000 Todesfälle gehen allein im deutschen Sprachraum alljährlich auf das Konto solcher sogenannter nosokomialer Infektionen mit diesem oder anderen Keimen.[140]

Clostridium difficile gehört zu jenen hartnäckigen Bakterien, denen auch spezielle antibiotische Therapien nichts anhaben können. Für manche Menschen, bei denen der Keim besonders stark wütet, bleibt nur die Entfernung eines Stücks Darm. 2008 erinnerten sich niederländische Gastroenterologen an eine bereits vor mehr als 300 Jahren im Lehrbuch »Heilsame Dreck-Apotheke« beschriebene Behandlung – die Übertragung von Stuhl. Der Theologe und Mediziner Christian Franz Paullini hatte darin 1697 verschiedene Rezepturen für die äußerliche, aber auch innerliche Anwendung von menschlichen und tierischen Exkrementen beschrieben.[141] Mitte des vorigen Jahrhunderts hatten Ärzte in Denver dann einen – erfolgreichen – Behandlungsversuch bei einem Patienten mit lebensbedrohlicher Darmentzündung unternommen. Die Therapiemethode war danach allerdings wieder in Vergessenheit geraten.

Was Laien unappetitlich anmutet, hat in den letzten Jahren vielen Patients Leid erspart. Die Studie der Niederländer war klein[142], doch der Erfolg der Gabe von Stuhl zeigte sich daran, dass sich die bakterielle Besiedlung im Darm vervielfältigt hatte, und diese Vielgestaltigkeit der mikrobiellen Mitbewohner ist es, die eine gesunde Darmflora ausmacht.

Seit diesen ersten Ergebnissen hat sich der »fäkale Mikrobiota-Transfer« – so nennen die Mediziner die Behandlung – als Therapie nicht nur bei hartnäckigen Clostridium-difficile-Infektionen etabliert, sondern wird auch bei entzündlichen Darmerkrankungen wie Colitis ulcerosa angewandt. Mittlerweile gibt es Kapseln zum Einnehmen, was die Prozedur der Transplantation vereinfacht und die Sache weniger ekelerregend wirken lässt. Bis vor Kurzem wurde angenommen, dass es hauptsächlich viele verschiedene, vorteilhafte Bakterien sind, die mit den Ausscheidungen von einem Menschen auf den anderen übertragen werden und so das mikrobielle Gleichgewicht im Darm wiederherstellen. Neuere Entdeckungen weisen darauf hin, dass auch Viren eine Rolle spielen. So hat sich anhand von Genom-Sequenzierungen virusartiger Partikel im Darm von Patients nach Stuhltransplantation gezeigt, dass für eine funktionierende Darmflora die Wiederherstellung der Virenbesiedlung ebenso wichtig ist wie jene der Bakterienvielfalt.[143]

7
Es geht auch ohne Lockdown

Vor allem die Staaten Ostasiens, die aus der SARS-1-Pandemie wirklich Lehren gezogen haben, konnten das desaströse Experiment eines Lockdowns vermeiden. Mit wenigen Infektionen dank konsequenten Handelns. Und ohne medizinische Kollateralschäden und zusätzliche Arbeitslose.

In Südkorea hat das Krisenmanagement bereits am 3. Januar 2020, nur drei Tage, nachdem der China National Health Commission erstmals der Ausbruch einer Lungenerkrankung mit unbestimmter Herkunft gemeldet wurde, die erste Alarmstufe blau ausgerufen. Zwei Wochen später, am 20. Januar, wird der erste Fall in Korea gemeldet, es handelt sich um eine 35-jährige Chinesin aus Wuhan, die mit erhöhter Temperatur am Flughafen Incheon eingereist ist. An diesem Tag erhöht die koreanische Regierung die Alarmstufe auf gelb, eine Woche darauf auf orange, die dritte von vier Warnstufen. Am 28. Januar gibt es landesweit bereits 288 Teststationen, viele davon offen und kostenfrei für alle, manche als Drive-in-Anlage. Bald werden es 600 solcher Stationen sein. Ende Januar beginnen Betriebe Testkits und Masken im großen Stil zu produzieren, bald sind es 100.000 Tests am Tag.

Die Schulferien werden bis in den April hinein verlängert, auch die Universitäten gehen auf Online-Betrieb. Großveranstaltungen werden verboten. Aber Lokale, Geschäfte und Gewerbe,

Großbetriebe, Kinos und Theater, alles bleibt offen. Alle mögen sich an die Distanzregeln halten, hat die Regierung verlauten lassen. Masken tragen ohnehin fast alle im Winter während der Grippezeit.

Südkorea: Kein Lockdown, kaum Wirtschaftskrise

Die Behörden haben von den Epidemien SARS 1 und MERS gelernt. MERS war zwar nicht weit verbreitet, aber 30 Prozent der Infizierten starben, das war ein Schock. Die Seuchenbehörde »Korea Centers for Disease Control & Prevention« (KCDC) wurde ausgebaut und übernimmt sofort die Koordination, der Chef dieser Behörde ist im Rang eines Ministers im Kabinett. Die Alarmpläne funktionieren. Die Mitarbeiter der Gesundheitsämter haben Urlaubsstopp und organisieren ihre Arbeit auf Dreischichtbetrieb rund um die Uhr um. Sie wissen, dass es auf einige Stunden ankommt, wenn die Epidemie mit einem hochinfektiösen Virus gestoppt werden soll.

Dann kommt der Ernstfall. Patientin Nr. 31 ist Mitglied der Shincheonji-Sekte in Daegu, die mehrere Tausend Mitglieder hat. Sie hustet und fiebert bereits, als sie in die große Kirche der Religionsgemeinschaft zum Beten und Singen gemeinsam mit etwa 1000 Glaubensgenossen geht. Die Anhänger der Sekte wohnen teilweise auch zusammen in Wohngemeinschaften. Ideale Voraussetzungen für die massenhafte Verbreitung des Virus.

Eine Woche später verzeichnet die KCDC täglich 700 Neuinfektionen, fast ausschließlich in der Region um Daegu im Südosten des Landes. »Die Beamten der Behörde befragen die Patienten nach ihrer groben Route der letzten Tage, fragen die Handystandortdaten und Kreditkartennutzungen für eine genauere Verfolgung ab und informieren alle Personen, die sich ebenfalls länger an denselben Orten aufgehalten haben«, erzählt Byun Hyung Gyoun von der »Big Data Unit« der Korean Telekom, die fix mit der Seuchenbehörde zusammenarbeitet. »Dann werden alle potenziellen Kontaktpersonen gebeten, sich testen zu lassen.«[144] Die öffentlichen Orte, an denen sich Infizierte aufgehalten haben, werden im Internet veröffentlicht, alle, deren Handy dort ebenfalls eingeloggt war, bekommen via SMS oder Anruf die Einladung zum Test. In Europa hingegen wird anfangs nur getestet, wenn sich bereits Symptome zeigen und ein Kontakt zu einem Infizierten sicher ist.

In Daegu dauert das Procedere ein wenig, weil die Religionsgemeinschaft sich zunächst weigert, die Mitgliederliste herauszugeben. Aber nach drei Wochen ebbt die Welle ab.

Die Quaratäne-Regeln sind ebenfalls strikt und haben auch zur Stigmatisierung der Covid-19-Patienten beigetragen. Zum Antritt der Selbstisolierung zu Hause bekommt jeder eine Grundausstattung: 24 Masken, eine Flasche Hand-Desinfektionsmittel, eine Flasche Oberflächen-Desinfektionsmittel, ein Fieberthermometer, sechs orange Mülltüten mit dem aufgedruckten Warnzeichen für biologisches Gefahrengut – das ist für dieses Virus wohl übertrieben und ängstigt alle, die das sehen. In die Säcke muss alles, was der unter Quarantäne Stehende berührt hat. Bei Verstoß gegen die Quarantäne drohen Strafen von umgerechnet etwa 7500 Euro.

Durch das Krisenmanagement der südkoreanischen Regierung musste der Großteil der Unternehmen zu keinem Zeitpunkt schließen oder den Geschäftsbetrieb unterbrechen, sagt Stefan Samse, Büroleiter der Konrad-Adenauer-Stiftung in Seoul.[145] »Das Abflachen der globalen Handelsströme sowie der Nachfrageschock aufgrund von Lockdowns in zahlreichen Industrienationen wird jedoch auch in Südkorea zwangsläufig zu einer

Rezession führen«, ergänzt er. Aber die Folgen sind weit weniger dramatisch: Während der Internationale Währungsfonds für 2020 von einem drastischen Rückgang der Wirtschaftsleistung in der Eurozone von 10,2 Prozent ausgeht, kommt Südkorea laut IWF-Prognose mit einem Rückgang von 1,2 Prozent noch mit einem blauen Auge davon.

Im Mai gibt es wieder einige Dutzend Infizierte. Diesmal in Itaewon, dem Vergnügungsviertel von Seoul. Ein Lehrer, der eine Schwulenbar besucht hat, wird positiv getestet. Weil sie Diskriminierung fürchten, haben dort viele Besucher beim Eintritt einen falschen Namen angegeben.

Die Suche beginnt. Der Lehrer hat davor eine Schülerin angesteckt, die das Virus in einer Karaokebar auf einen Taxifahrer übertragen hat. Dieser war nebenbei auch Eventfotograf und hat auf einer Geburtstagsfeier mehrere Gäste angesteckt. Einer der angesteckten Gäste arbeitet in einem Paket-Verteilerzentrum, wo eng an eng und mit geringem Luftwechsel gearbeitet wird, was dort einen Massenausbruch begünstigt. Viele Arbeiter in Logistikzentren sind nicht fest angestellt, sondern arbeiten wie auch in Europa auf Tageslohnbasis. Da in Corona-Zeiten die Menschen vermehrt online eingekauft haben, sind Nachfrage und Arbeitsdruck entsprechend groß.

Aber die Behörden gehen auch den Besuchern des Vergnügungsviertels insgesamt nach. Laut GPS-Daten der Mobiltelefone waren dort nachts 10.000 Menschen unterwegs. Denen schicken die Behörden Textnachrichten: Bitte kommen Sie zum Test! Das ist zunächst freiwillig. »Am ersten Tag kamen nur 2500 Leute«, erzählt Jerome Kim, Chef des Internationalen Impfinstituts in Seoul. »Also bot man anonyme Tests an: Plötzlich antworteten acht von zehn. Den verbleibenden 2000 Menschen gingen die Behörden gezielt persönlich nach.«[146] Für die Nachtklubs gilt inzwischen eine neue Regel: Jeder Besucher muss sich mit einem QR-Code anmelden, sodass er im Fall einer neuen Infektion sofort informiert werden kann.

Auch diese Infektionswelle ebbte rasch wieder ab.

Ohne Zweifel ist das System sehr effektiv. Südkorea mit seinen 51 Millionen Einwohnern hat Anfang Juli gerade einmal 13.000 Infizierte, deutlich weniger als Österreich mit 8,9 Millionen Einwohnern. Aber der Datenschutz in Europa würde ein solches Vorgehen nicht zulassen. »Die US-Regierung überwacht Telefone, sogar das von Angela Merkel«, sagt Jerome Kim dazu, »in London kann man nicht um eine Ecke gehen, ohne dass sich eine Kamera auf einen richtet. Nach 9/11 haben wir Freiheit preisgegeben, um einen Terrorismus zu bekämpfen, der in den USA vielleicht 3000 Menschen getötet hat. Nun haben wir eine Pandemie, die dort bereits mehr als 100 000 Menschen getötet hat.«[147]

Mitte April wurden in Südkorea – selbstverständlich mit Sicherheitsabstand und Maske – die regulären Parlamentswahlen abgehalten, die Wahlbeteiligung war mit 66 Prozent historisch hoch. Menschen in Quarantäne konnten bei eigenen mobilen Wahlkommissionen abstimmen. Am 1. Mai meldeten die Gesundheitsbehörden, dass die Menschenansammlungen zu keiner einzigen Neuinfektionen geführt haben.

Hongkong und Taiwan

In Taiwan und Hongkong sagten die Modellrechnungen die massivste Covid-19-Welle voraus, zwischen den beiden Regionen und China gibt es regen Reiseverkehr. Aber Taiwan mit seinen 24 Millionen Einwohnern hat bis August 2020 mit 480 Erkrankten und gerade einmal sieben Toten Covid-19 nur gestreift, und auch Hongkong mit seinen sieben Millionen hat nur 2400 Infizierte. Alles ohne Lockdown.

Auch diese beiden Regierungen verfügen von Beginn an über eine effiziente Taskforce und seit der SARS-1-Infektionswelle über ein ausgeklügeltes System elektronischer Überwachungsmöglichkeiten. Einreisende werden unter Quarantäne gestellt, die Kontakte der Infizierten rasch und effizient ebenfalls.[148]

Die taiwanesische Regierung war offenbar schon informiert, bevor China offiziell von Covid-19 berichtete. »Im Dezember 2019 erhielten wir Informationen über Todesfälle in Wuhan im Zusammenhang mit einer unbekannten Lungenkrankheit«, erklärt der taiwanesische Gesundheitsminister Chen Shih-chung, »in diesem Moment haben wir alle Sicherheitsmaßnahmen ergriffen.«[149]

In Bussen, Bahnen und Zügen ist Mund- und Nasenschutz Pflicht. Taxifahrer können Fahrgäste ohne Maske ablehnen. In Räumen müssen die Menschen 1,5 Meter Abstand halten, im Freien einen Meter. Restaurants rücken Stühle und Tische auseinander. Versammlungen sind in Innenräumen mit bis zu 100 Personen erlaubt, bis zu 500 im Freien. Bei Schülern wird jeden Morgen Temperatur gemessen. An Eingängen zu Banken, Postämtern und Geschäften gibt es Fieberkontrollen und Desinfektionsmittel für die Hände. Am Flughafen und in Bahnhöfen stehen Infrarotgeräte, die Passagieren automatisch die Temperatur messen.[150] Aber das gesamte wirtschaftliche und kulturelle Leben bleibt intakt.

Und in Korea, Taiwan und Hongkong lebt die konfuzianische Kultur auch in der Moderne weiter, die Menschen sind sehr diszipliniert. Die Aufrufe, Abstand zu anderen Personen zu halten und Gesichtsmasken zu tragen, werden überall befolgt. Ein völliger Lockdown wie später in Europa und Nordamerika wird jedoch vermieden.

Die Volkswirtschaften dieser Länder nehmen kaum Schaden. Wegen der drastischen Einschränkungen in Europa und Amerika sinkt die Wirtschaftsleistung der exportorientierten Staaten leicht, und ein Anstieg der Arbeitslosenzahlen auf gerade einmal 4 Prozent wird in Taiwan schon als Problem eingeschätzt.

Auch Vietnam, wo es schon Ende Januar erste Infizierte gab, reagierte schnell und konsequent mit *containment*, einem Quarantänegürtel rund um Infizierte. Bis Mitte Juli gab es lediglich 360 Infizierte im Land, und keine an Covid-19 gestorbenen Menschen. Allerdings wurde auch wenig getestet.[151]

Japan

Der Kontrast zu Europa könnte kaum größer sein. Denn Japan mit seinen 126 Milionen Einwohnern verzeichnet etwa so viele Infizierte wie Österreich – im Juli 2020 sind es lediglich 18.000. Dabei hätten die Zahlen nach den gängigen Annahmen explodieren müssen. Schließlich ist Japan sehr dicht besiedelt, hat den weltweit höchsten Anteil von Senioren und sehr engen Kontakt zum Nachbarland China. Im Januar kamen eine Million Chinesen nach Japan, im Februar waren es noch 89.000. Trotzdem ergriff die Regierung nur sanfte Gegenmaßnahmen. Premier Shinzo Abe lässt die Schulen zwei Wochen vor den Ferien vorzeitig schließen, alle Veranstaltungen werden abgesagt. Aber Geschäfte und Restaurants bleiben offen, und nur einige Japaner wechseln ins Homeoffice.

Die geringe Ausbreitung von Covid-19 weckte zunächst den Verdacht, die Wahrheit würde unter den Teppich gekehrt. »Bei der Atomkatastrophe in Fukushima wollte die Regierung die Kernschmelzen zunächst auch nicht zugeben, sodass es heute viel Misstrauen gegen offizielle Aussagen gibt«, sagt etwa die Soziologin Barbara Holthus vom Deutschen Institut für Japanstudien in Tokio. Trotz einer Kapazität von 6000

Tests täglich wird in Japan deutlich weniger getestet als etwa in Südkorea. Man teste nur Patienten mit schwersten Symptomen, berichtete der Virologe Masahiro Kami vom Medical Governance Research Institute. Die Dunkelziffer sei daher sehr hoch.[152]

Das schwedische Experiment

»Wir haben früh entschieden, dass wir nur evidenzbasierte Maßnahmen anwenden sollten. Es gibt nur zwei Maßnahmen, die wirklich eine wissenschaftliche Grundlage haben. Eine ist, sich die Hände zu waschen. Dass das nützlich ist, wissen wir seit der Arbeit von Ignaz Semmelweis vor 150 Jahren«, sagt der schwedische Epidemiologe Johan Giesecke in der Zeitschrift »Addendum«. »Das andere ist Social Distancing, da ist auch bewiesen, dass es wirkt.«[153]

Dazu sind die Schweden seit Februar 2020 auch aufgerufen. Sonst bleibt alles normal, die Schulen, die Restaurants, Geschäfte und Betriebe. Sogar in die Kinos gehen bis zu 100 Besucher. Homeoffice wird empfohlen.

»Die Maßnahmen in Europa sind nicht auf Evidenz begründet«, sagte Giesecke. »Grenzschließungen können den Ausbruch nur um zwei oder drei Tage verschieben. Auch die Schließung von Schulen hat sich nie als wirksam erwiesen. Außerdem wird den Leuten gesagt, sie sollen drinnen bleiben. Das ist dumm, weil das Infektionsrisiko sehr viel geringer ist, wenn Sie draußen sind.«

Schweden hat eine lange Tradition der selbstständigen, eigenverantwortlichen Bürger. Und das scheint mit Abstrichen zu funktionieren: Auch in Schweden sinkt aufgrund der Appelle die Zahl der Kontakte zwischen den Menschen, aber nur um ca. 40 bis 50 Prozent. Chefepidemiologe Anders Tegnell moderiert und kommentiert das Geschehen, Politiker halten sich zurück. Der Lockdown in den meisten Ländern sei ein weit größeres Experiment als der schwedische Weg, bleibt sein Credo.

Ein Versuch, der polarisiert.

Die Zahlen der Erkrankten und Todesopfer sprechen nicht unbedingt für die schwedische Strategie. Bezogen auf die Einwohnerzahl, beklagt Schweden viermal mehr Tote als Österreich oder Deutschland, allerdings weniger als Belgien, Spanien oder Italien mit ihrem harten Lockdown. Anders Tegnell hat eingeräumt, dass es nicht gut gelungen sei, die Bewohner der Altersheime zu schützen – auch in Schweden wurde in diesem Bereich der sozialen Betreuung in den letzten Jahren viel privatisiert, auch in Schweden mussten dort viele sterben. Allmählich wird in Schweden auch mehr getestet – was logischerweise höhere Fallzahlen ergibt. Man habe zu wenig darauf geachtet, dass viele Infizierte gar keine Symptome haben, und sich daher auch nicht wie empfohlen in freiwillige Quarantäne begeben können, so Tegnell.

»Wir sollten in einem Jahr über die Zahl der Toten sprechen und Österreich und Schweden vergleichen«, meint dagegen der Epidemiologe Giesecke. Da das Virus ja weiter da sei, werde es im Laufe der Zeit nach dem Lockdown wieder mehr Infektionen und auch Tote geben. »Dann wird die Zahl in etwa gleich hoch sein. Mit dem Unterschied, dass Schwedens Wirtschaft verhältnismäßig besser dastehen wird.«[154]

Ob Letzteres tatsächlich der Fall sein wird, ist noch offen. Immerhin: Die Zahl der täglich an Covid-19 verstorbenen Menschen sank bis August 2020 regelmäßig und schwankte zuletzt wie in Deutschland zwischen 1 und 5. Während die deutsche Wirtschaft laut EUROSTAT im ersten Quartal 2020 um 2,2 Prozent schrumpfte, sank das schwedische Bruttoinlandsprodukt im Vergleich zum Schlussquartal 2019 nur um 0,3 Prozent. Auch der Blick auf die Börsen bestätigt den Eindruck, dass Schwedens Wirtschaft weniger stark leidet. Nach starken Einbrüchen startete die Erholungsrallye. Doch der schwedische Aktienindex OMX steht nur rund 3 Prozent unter seinem Vorjahreswert, der deutsche Aktienindex DAX hingegen verzeichnet im Jahresvergleich knapp 9 Prozent Verlust.[155] Die EU-Kommission prognostizierte im Juli für 2020 eine Schrumpfung der Wirtschaftsleistung in Österreich um 7,5, in Deutschland um 6,5 Prozent. In Schweden würde demnach die Wirtschaft um 5,3 Prozent schrumpfen. Weil die schwedische Wirtschaft stark exportorientiert ist, stieg freilich die Arbeitslosigkeit auf ein Rekordniveau. Und der freiwillige Verzicht auf Reisen, Shoppen und Restaurantbesuche hinterließ seine Spuren.

8

Viren als Schwimmkünstler

Auch im Meerwasser dominieren Viren – zehn Millionen von ihnen gibt es in einem Milliliter. Sie spielen eine zentrale Rolle bei der Erhaltung der Balance der Lebewesen. Für Forscher eine Hoffnung, sie als Verbündete gegen die Folgen des Klimakollapses zu gewinnen.

Seit 2004 ist »Tara« fast ununterbrochen auf See. Elf Expeditionen hat das französische Forschungsschiff, dessen Crew die Auswirkungen des Klimawandels untersucht, bereits hinter sich, eine davon war der Bestandsaufnahme der Mikroorganismen in den Ozeanen gewidmet.[156] Bekannt war: Marine Mikroben machen rund 60 Prozent der Biomasse im Meer aus. Sie sind es, die mehr als die Hälfte des Luftsauerstoffs produzieren und Kohlendioxid aus der Luft zum Meeresboden transportieren und damit dauerhaft der Atmosphäre entziehen. Auch dass Viren überall im Meer vorkommen und das marine Ökosystem zu einem nicht unbedeutenden Teil mitformen, war klar.[157] Immerhin sind zehn Millionen davon in einem Milliliter enthalten. Doch wie vielgestaltig die Virenpopulation im Meer ist, wurde erst bekannt, nachdem die Mitbringsel der »Tara« ausgewertet waren.

Innerhalb von vier Jahren hatte die »Tara«-Besatzung sämtliche Weltmeere bereist und Proben bis in eine Tiefe von 4000 Metern gesammelt. Zwölfmal so viele Viren wie bis dahin bekannt brachten die Forscher von ihren Reisen mit, womit sich die Zahl der identifizierten marinen Zellparasiten auf 200.000 erhöht. Vor allem im Nördlichen Eismeer, der vom Klimawandel am stärksten in Mitleidenschaft gezogenen Region, wimmelt es nur so von Viren und sie sind alles andere als eine Bedrohung für die darin beheimateten Lebewesen.[158] Im Gegenteil. Sie nisten sich in Bakterien ein und beeinflussen damit, in welchem Ausmaß das Kohlendioxid aus der Luft in den oberen Wasserschichten bleibt oder in tiefere Schichten weitertransportiert wird. »Bisherige Ökosystemmodelle der Ozeane haben Mikroben häufig ignoriert und Viren überhaupt ganz selten eingeschlossen. Unsere Forschung zeigt nun, welche entscheidende Komponente sie repräsentieren und wie wichtig es ist, sie in Studien einzubeziehen«, sagt Matthew B. Sullivan, Mikrobiologe und Virenspezialist an der Ohio State University, der den »Tara«-Fang analysiert und in der Fachzeitschrift »Cell« veröffentlicht hat.[159] Weitere Auswertungen sollen dabei helfen, die Auswirkungen des Klimawandels auf die marinen Ökosysteme zu erkennen, zumal die Mikroorganismen auch die Grundlage der Nahrungsketten ausmachen.[160] Umgekehrt soll auch geklärt werden, inwieweit Viren dazu beitragen könnten, den Klimawandel zu bekämpfen. Zwar seien Eingriffe in den natürlichen Stoffhaushalt der Natur immer riskant, »aber wir müssen zumindest darüber nachdenken, wie wir die kommenden Klimaprobleme meistern könnten«, sagt Sullivan.[161]

Auch im Leben der Korallen spielen Viren eine wichtige Rolle. Der kalifornische Biologe Forest Rohwer sucht mithilfe seiner Forschungsplattform in der Karibik vor der kleinen Insel Curaçao nach den Zusammenhängen von Korallensterben und Viren.

Korallenriffe sind Herbergen unglaublicher mikrobiologischer Diversität und zugleich sensible Ökosysteme – die schnell aus dem Gleichgewicht geraten können. Daher haben Korallen besonders effiziente Strategien entwickelt, um im Wettlauf der Evolution gegen andere Organismen bestehen zu können. Sie haben die Fähigkeit, selbstständig effiziente Molekular-Strukturen zur Abwehr schädlicher Viren zu entwickeln, aber auch mit Viren im Biotop eines Korallenriffs so zu koexistieren, dass diese als Bodyguards aggressive Bakterienarten in Schach halten. Das ist einzigartig. Rohwer hofft: Ihre Methoden könnten Vorlage für uns Menschen sein. Denn die DNA der Korallen ist der des Menschen ähnlicher, als bislang angenommen.[162]

Die Algenvernichter

Nicht erst die Funde der »Tara« haben gezeigt, dass Viren auch das Populationswachstum im Meer verringern und neue Entwicklungsprozesse beeinflussen können. »Ohne sie würde das ökologische Gleichgewicht in den Ozeanen durcheinandergeraten«, sagt Joaquín Martínez, der marine Erreger am Bigelow Laboratory for Ocean Sciences in Boothbay im US-Bundesstaat Maine erforscht. »Viren spielen in jeder Art Leben eine wichtige Rolle.« Davon gibt es im Meer jede Menge – Fische, Krebse und Quallen, aber vor allem Kleinstlebewesen wie das Phytoplankton, Einzeller, die Pflanzen oder Bakterien zugeordnet werden.

Forscher am Bigelow Laboratory for Ocean Sciences beobachten seit Jahren ein Virus, das das unbändige Wachstum der Alge Emiliania huxleyi eindämmt. Die einzellige Alge mit dem charakteristischen Panzer aus Kalkplättchen, die in allen Ozeanen gedeiht und direkt unter der Meeresoberfläche lebt, zerlegt mittels Fotosynthese Kohlendioxid in Sauerstoff und Kohlenstoff. Damit reduziert sie einerseits den Säuregrad des Wassers und trägt andererseits maßgeblich zum Kohlenstoffkreislauf bei. Wenn sie stirbt, sinkt sie mitsamt dem Kohlenstoff zum

Meeresboden, wo dieser dann gebunden bleibt.[163] Die Deutsche Botanische Gesellschaft hat Emiliania huxleyi, von Meeresbiologen Ehux genannt, wegen ihres herausragenden Beitrags zur CO_2-Verringerung 2009 gar zur Alge des Jahres gewählt.[164]

Doch manchmal nimmt ihr Wachstum so überhand, dass für kein anderes Kleinlebewesen mehr Platz ist – ähnlich wie in einem finsteren Wald, in dem nur mehr eine Baumart wächst. Die quadratkilometergroßen Ehux-Algenteppiche, die die Wasseroberfläche türkis erscheinen lassen, rufen dann allerdings Viren auf den Plan. Sie nisten sich in den Einzellern ein und krempeln deren Stoffwechsel so um, dass sie absterben. »Der Vorteil der Viren ist, dass sie sich ihre Wirte stets sehr spezifisch aussuchen«, sagt Martínez. Dominiert also eine Algenart wie Ehux, infiziert das Virus nur diese und sorgt dafür, dass andere Phytoplanktonarten wieder Platz finden, um zu leben.

Als Nächstes will sich Martínez den Roten Tiden widmen, der Algenblüte an der Westküste Floridas. Jahr für Jahr sterben an den Giftstoffen, die die Mikroalge Karenia brevis aussondert, Hunderte Fische, Vögel, Meeresschildkröten und Delfine. Die Fischerei und der Tourismus werden durch die wiederkehrenden Massenansammlungen der Einzeller, die das Wasser rot aussehen lassen, erheblich gestört. Martínez will nun ergründen, inwieweit marine Viren Einfluss auf Karenia brevis und deren Wachstum ausüben können.[165]

Freilich existieren die Algenvernichter nicht nur in den sieben Weltmeeren, und nicht immer sind die Effekte positiv. Schon länger war das regelmäßige Verschwinden der Zwergflamingos von einem der größten Sodaseen in Ostafrika, dem Nakurusee in Kenia, aufgefallen. Die Vögel ernähren sich am liebsten von Arthrospira fusiformis, einer Blaualgenart, deren riesige Algenteppiche den See grün färben. In regelmäßigen Abständen reduziert sich der Bestand der Blaualge im Wasser, dann weichen die

Flamingos auf andere Nahrungsgebiete weiter im Süden aus; gelingt ihnen das nicht, ist ein Massensterben die Folge. Das war im Jahr 2009 der Fall. Wissenschaftler der Universität Wien haben in Zusammenarbeit mit lokalen Forschern herausgefunden, was die abrupt erfolgte Verringerung der Blaualgen und die nachhaltigen Auswirkungen auf die Nahrungskette verursacht hat. »Wir konnten im Wasser des Nakurusees nicht nur die größte bisher in einem natürlichen aquatischen Lebensraum gemessene Virenhäufigkeit feststellen, sondern auch eine mit dem Algenzusammenbruch einhergehende, hohe Infektionsrate bei Arthrospira nachweisen«, sagt Peter Peduzzi vom Department für Limnologie und Bio-Ozeanografie der Universität Wien.[166] Was die massenhafte Vermehrung der Viren hervorgerufen hat, ist noch Gegenstand von Untersuchungen, die Wissenschaftler vermuten, dass Umwelteinflüsse dazu beigetragen haben.

Symbiose als Dreiecksbeziehung

Wenn es um die Erforschung der Meere und ihrer Bewohner geht, ist das Helmholtz-Zentrum in Kiel eine der ersten Adressen in Europa. Im GEOMAR, dem Kieler Forschungsinstitut, beschäftigen sich die Wissenschaftler mit der Dynamik des Ozeanbodens, mit mariner Biogeochemie, damit, welche Auswirkungen die Ozeanzirkulation auf die Klimadynamik hat, und mit der Ökologie der Meere. 19 Forschungsgruppen gibt es in diesem Bereich, sie alle versuchen, die biologische Vielfalt des Ozeans im Zusammenhang mit dem Funktionieren des Ökosystems zu ergründen.

Eine dieser Forschungsgruppen nimmt derzeit marine Symbiosen unter die Lupe, vor allem jene der Schwämme. 7500 Arten gibt es, sie leben überall in den Ozeanen und ihre Besonderheit ist, dass sie zu Nahrung kommen, indem sie das Meerwasser filtrieren – bis zu 24.000 Liter pro Tag schleusen manche dabei durch ihren Körper.[167] Und wie alle mehrzelligen Lebewesen existieren auch Schwämme in einer Gemeinschaft mit Mikroben. In diesem Schwamm-Mikrobiom spielen Viren eine ganz besondere Rolle. Doch anders, als bisher angenommen, unterscheidet sich die Mikrobenzusammensetzung der Schwämme von der des umgebenden Meerwassers. Sogar bei unmittelbar nebeneinander beheimateten Schwämmen unterscheidet sich vor allem die Virenbesiedelung gewaltig. »Entgegen der Annahme haben unmittelbar nebeneinander lebende Schwämme ein spezifisches, für jedes einzelne Exemplar einzigartiges Virom. Hinsichtlich der in ihm lebenden viralen Gemeinschaft gleicht also kein Schwamm dem anderen«, sagt der Biologe Martin T. Jahn. Was so viel heißt wie: Die Umwelt spielt in der Zusammensetzung der Mikroben kaum eine Rolle.

Gezeigt haben die Forscher außerdem, dass 500 der Viren, die in den Schwämmen isoliert wurden, bisher unbekannt waren. Die GEOMAR-Wissenschaftler untersuchten daraufhin das Genom der gefundenen Viren und stellten fest, dass manche Abschnitte jenen ähneln, die von mehrzelligen Lebewesen bekannt sind und die dort das Zusammenspiel verschiedener Eiweißstoffe steuern. Der Sinn dahinter: Diese Viren, die sich in Bakterien einnisten, sogenannte Bakteriophagen, beeinflussen das Immunsystem der Schwämme so, dass es nicht versucht, die Bakterien zu vernichten. Diese Symbiose ist also eine Dreiecksbeziehung.[168]

In einem anderen Meeresbewohner, dem Kragengeißeltierchen, machten die Biologen von GEOMAR eine ebenso überraschende Entdeckung. Die Meereswinzlinge gehören zu den einzelligen Räubern, sind weit verbreitet und fressen am liebsten Bakterien und Kleinalgen. Ihre Besonderheit: Sie können in einen mehrzelligen Zustand übergehen. Deshalb sind sie ein beliebtes Forschungsobjekt von Evolutionsbiologen. Die GEO-MAR-Wissenschaftler wollten vor allem die Interaktion von Viren und Kragengeißeltierchen ergründen und fanden das Genom von Riesenviren, Viren, die die Größe von Bakterien und auch ein ähnlich umfangreiches Erbgut haben. Diese Riesenviren können die Produktion eines bestimmten Eiweißstoffes anstoßen, der mithilfe von Lichtimpulsen elek-trisch geladene Teilchen weitertransportiert. Das bedeutet, dass die kleinen räuberischen Geißeltierchen auch das Sonnenlicht als Energiequelle nutzen können, wenn sie mit dem Riesenvirus infiziert sind.[169]

9 Warum so viele starben

Ihr Leid prägte anfangs das Bild der Pandemie: In Italien, Spanien, Belgien, Frankreich und Großbritannien starben weit mehr Menschen an Covid-19 als im Rest Europas. Allmählich lassen sich die Ursachen dafür benennen.

Das Virus SARS-CoV-2 verbreitet sich über den gesamten Erdball, aber es wütet in verschiedenen Ländern unterschiedlich. Bezogen auf die Einwohnerzahl schwankt die Zahl der als infiziert Getesteten und der mit oder am Virus Gestorbenen um den Faktor 100.

Die Bilder aus Norditalien und Spanien und später aus London und New York, wo das Spitalssystem überfordert war und es weit mehr Tote gab, als um diese Jahreszeit üblich, haben das Bild der Pandemie geprägt. Aber in den meisten europäischen Ländern starben, bezogen auf die Einwohnerzahl, viel weniger Menschen. Und in den ostasiatischen Staaten, die aus den Erfahrungen vorangegangener Epidemien Lehren gezogen haben, waren es noch einmal um den Faktor 10 weniger (siehe Tabelle S. 104).

Was hat die vielen Toten verursacht? Inzwischen haben Mediziner und Epidemiologen ein Fülle von Faktoren identifiziert, ohne freilich eine abschließende Antwort gefunden zu haben.

SARS-CoV-2-Fälle je Million Einwohner

Land	Positiv Getestete	Todesfälle	Durchgeführte Tests
Belgien	6.065	850	149.063
Großbritannien	4.500	680	246.141
Spanien	7.360	609	151.088
Italien	4.106	582	114.813
Schweden	8.034	569	80.193
Chile	18.895	507	88.733
USA	14.708	481	184.223
Frankreich	2.930	464	45.680
Brasilien	12.937	445	62.042
Niederlande	3.265	359	63.008
Kanada	3.103	237	110.615
Schweiz	4.128	229	93.301
Portugal	5.070	171	159.209
Südafrika	8.705	144	51.514
Deutschland	2.534	110	95.528
Dänemark	2.429	106	277.176
Saudi-Arabien	8.074	86	101.202
Österreich	2.384	80	101.738
Türkei	2.770	68	58.365
Ungarn	471	62	36.046
Finnland	1.350	60	68.718
Slowenien	1.053	59	64.434
Norwegen	1.723	47	83.880
Polen	1.272	46	61.862
Kroatien	1.296	38	30.028
Tschechien	1.588	36	65.957
Griechenland	455	20	54.219
Australien	734	9	175.348
Japan	309	8	6.716
Südkorea	281	6	31.006
Singapur	9.112	5	225.652
Hongkong	489	5	79.168
China	59	3	62.814
Taiwan	20	0,3	3.457

Quelle: Worldometer, COVID-19 Coronavirus Pandemic, 4.8.2020

Die Geschichte von Covid-19 beginnt viel früher

Es gibt eine Vielzahl von Berichten darüber, dass das neue SARS-CoV-2-Virus schon früher die Runde machte, und zwar genau in den Regionen, die dann zu Hotspots mit vielen Toten wurden. Die Vermutung: Das Virus hat sich lange Zeit unerkannt verbreitet, die Krankheit wurde als »atypische Lungenentzündung« oder Grippe behandelt, bis eine Dichte an Infizierten erreicht war, die dann schlagartig mit den ab Januar 2020 verfügbaren Tests erkannt wurden.

Schon im August 2019, so die Vermutung eines Forscherteams in Boston, habe es in Wuhan »Hinweise auf eine massive Krankheitsaktivität« gegeben.[170] Hinter der Studie steht die einfache Erkenntnis, dass Krankheiten zu bestimmten Verhaltensweisen breiter Kreise der Bevölkerung führen: Man googelt die Symptome und fährt im Krankheitsfall mit dem Auto zur Behandlung ins Krankenhaus. Die Forscher um John Brownstein vom Boston Children's Hospital sahen unüblich starke Pkw-Bewegungen in Satellitenaufnahmen von sechs Krankenhäusern in Wuhan und eine deutliche Anhäufung von Anfragen zu Krankheitssymptomen wie »Husten« oder »Durchfall« auf der chinesischen Suchmaschine Baidu ab Ende August 2019.

Im Oktober 2019 fanden in Wuhan die Militärweltspiele statt. Fast 10.000 Athleten aus mehr als 140 Ländern waren dabei, und nach ihrer Rückkehr berichteten zahlreiche Sportler aus Norditalien, Frankreich, Spanien, Schweden und New York, sie seien an einer merkwürdig schweren Grippe erkrankt und hätten auch manche Verwandte angesteckt.

Nach ersten Medienberichten darüber legte das Militär in allen Ländern einen Mantel des Schweigens über das Geschehen, die Sportler durften keine Interviews mehr geben. Und es wurden auch keine Testergebnisse veröffentlicht. Lediglich aus Schweden war zu hören, dass die Sportler auf Antikörper von SARS-CoV-2 getestet wurden, aber keine Anzeichen einer Infektion gefunden worden seien.[171]

Ein weiteres Indiz: Eine Londoner Forschergruppe hat die Mutationen des neuen Virus analysiert. Die Ergebnisse der Genanalyse zeigen, dass alle untersuchten Viren auf den verschiedenen Kontinenten ab Herbst 2019 einen gemeinsamen Vorfahren haben. Alles deute darauf hin, dass das Virus schon lange vor der ersten offiziellen Corona-Diagnose beim Menschen im Umlauf war. Die Forscher gehen davon aus, dass sich die ersten Personen bereits Anfang Oktober infiziert haben könnten.

Was lange Zeit als plausible Hypothese gehandelt wurde, erhielt durch die von den italienischen Gesundheitsbehörden vorgenommenen nachträglichen Analysen routinemäßig gezogener Abwasserproben Gewissheit. Sie ergaben, dass das Virus schon Ende 2019 in der Lombardei die Runde machte: »Die Ergebnisse, die in den beiden verschiedenen Labors mit zwei verschiedenen Methoden bestätigt wurden, zeigten das Vorhandensein von SARS-Cov-2-RNA in Proben, die in Mailand und Turin am 18.12.2019 und in Bologna am 29.01.2020 entnommen wurden.«[172]

Im Herbst 2019 wusste niemand etwas von einem neuen Virus. Und Virusinfektionen mit Husten und Lungenentzündungen gibt es jeden Winter. Die fielen zunächst nicht weiter auf. Adriano Decarli, Epidemiologe an der Universität Mailand, berichtet tatsächlich von einem »signifikanten Anstieg« von schweren Lungenentzündungen in Mailand und Lodi von Oktober bis Dezember 2019, Ursache unbekannt.[173]

Auch in Frankreich entdeckten die Mediziner im April und Mai 2020, dass es schon bedeutend früher Fälle von SARS-CoV-2-Infektionen gegeben hat. Bei der Analyse von Krankenakten stießen Intensivmediziner auf jene des 42-jährigen

Fischhändlers Amirouche Hammar, der Ende Dezember auf der Intensivstation in einem Krankenhaus nördlich von Paris wegen einer Lungenentzündung behandelt worden war. Da die Symptome ganz ähnlich denen einer Corona-Infektion gewesen und andere Krankheitserreger ausgeschlossen worden waren, testeten die Ärzte Anfang April tiefgekühlte Speichelproben des Mannes auf das Coronavirus – mit positivem Resultat. Der Mann hatte keinerlei Kontakte zu China, seine Frau arbeitet in einem Supermarkt in der Nähe des Flughafens Charles de Gaulle, wo auch Fluggäste einkaufen. Sie selbst wurde allerdings nicht positiv getestet.[174] »Ich habe im Januar die Kinder in die Schule gebracht und abgeholt, ich war auf dem Markt, bin ausgegangen und habe viele Leute getroffen, und sicherlich welche angesteckt«, sagte Hammar, nachdem er von den Ärzten über die wahre Ursache seiner Erkrankung aufgeklärt worden war.[175]

Zweieinhalb Monate später sollte genau in dieser Gegend einer der Hotspots der französischen Covid-19-Krankheitsfälle sein. »Wahrscheinlich sollte man den Beginn einer Epidemie sehr viel früher ansetzen und nicht erst dann, wenn die ersten Patienten sterben«, sagt der Mikrobiologe Jean-Ralph Zahar von der Groupe Hospitalier Paris Seine-Saint-Denis, wo Hammar behandelt worden war. »Genau deshalb haben wir unsere Analyse durchgeführt: weil uns viele atypische Atemwegserkrankungen aufgefallen sind.«[176]

Auch in Colmar im Elsass, dem zweiten Hotspot mit vielen Toten in Frankreich, hat es offenbar schon 2019 Fälle von Infektionen mit dem neuen SARS-CoV-2-Virus gegeben. Dort sind ebenfalls bereits im Winter etliche Patienten mit schweren Grippesymptomen behandelt worden, die aber negativ auf saisonale Influenzaviren getestet wurden. Michel Schmitt, Leiter der Radiologie am Colmarer Albert-Schweitzer-Krankenhaus, analysierte im Zuge einer Studie 2456 Röntgenaufnahmen von Patienten, die zwischen November 2019 und April 2020 mit Lungenerkrankungen im Krankenhaus waren. Aufnahmen einer jungen Patientin vom 16. November zeigen die für SARS-Virusinfektionen typischen weißen Flecken in der Lunge, 50 weitere solcher Fälle, die Schmitts Meinung nach Zeichen einer Covid-19-Erkrankung sind, hat es bis Februar gegeben. »Wir brauchen weitere epidemiologische Untersuchungen, nur so finden wir heraus, wann und wo sich das Virus verbreitet hat«, sagte Schmitt in einem TV-Interview.[177] Und im nahe gelegenen Mulhouse wurde der 93-jährige Jean Peterschmitt nach einer gut überstandenen Operation am 10. Januar immer schlapper, auch seine Frau fühlte sich nicht wohl, beide dachten, die Grippe erwischt zu haben. Erst später wurde klar: Es war das neue Coronavirus.[178]

Die Krise beginnt im Februar

Aber bewusst wird das Ausmaß der Durchseuchung den Medizinern und Politikern fast überall erst Anfang März, als sie zu testen beginnen. Da zeichnet sich etwa in der Region Grand Est, die Elsass und Lothringen umfasst, die Krise bereits ab. In der 110.000-Einwohner-Stadt Mulhouse hatten sich vom 17. bis 24. Februar mehr als 2000 Anhänger der evangelikalen Kirche zur Veranstaltung »Portes Ouvertes Chrétiennes« zusammengefunden. Ein Vertreter der Gesundheitsbehörde sollte die Zusammenkunft der Betenden und Singenden später eine »Art Atombombe« nennen, ein Ereignis, das »Covid-19 über ganz Frankreich verteilt hat«.[179]

Jetzt wissen auch die Betroffenen schon von der neuen Corona-Krankheit. Am 2. März beginnt der Run auf die Spitäler, zwischen 18 Uhr und ein Uhr früh ist der Rettungsdienst in Mulhouse so überlastet, dass per Telefon kein Durchkommen mehr ist. Der Strom an Kranken reißt nicht ab. »Wir sind seit Anfang März im Auge des Zyklons«, sagt Jean Rottner, Präsident der Region Grand Est und selbst Notfallmediziner, der Tageszeitung »Le Figaro« am 15. März.[180] »Außerhalb des Elsass kann sich keiner vorstellen, was diese Gesundheitskrise tatsächlich bedeutet. Es ist grauenhaft. Junge Menschen, die sofort intubiert werden müssen, Alte, die binnen weniger Stunden dahingerafft sind, medizinische Teams, die nach zwei Wochen im Dauer-Einsatz an ihre Grenzen kommen, Weinende überall.« Bereits Tage zuvor hat Rottner eine SMS an Präsident Macron geschickt: »Wir halten das nicht lange durch.«

Schon ohne den Patientenansturm hatte das Krankenhaus in Mulhouse mit Personalknappheit und Ressourcenmangel zu kämpfen, jetzt ist die Versorgung am Limit. Kurz darauf wird ein Feldlazarett mit 30 Intensivbetten auf dem Parkplatz des Krankenhauses errichtet. Zahlreiche Mediziner und Pflegekräfte haben sich angesteckt und fallen für die Behandlung der Patienten aus. »Unsere Kapazitäten sind erschöpft«, muss auch François Braun, Chef der Notfallabteilung am Centre Hospitalier de Mercy im 200 Kilometer entfernten Metz, eine Woche später zugeben. Da wurde bereits begonnen, schwerkranke Patienten per Militärhubschrauber nach Deutschland, Österreich und per Hochgeschwindigkeitszug in andere Regionen Frankreichs zu transferieren.[181] Braun ruft via TV Personen mit Krankheitssymptomen auf, zuerst zum Hausarzt zu gehen, und nicht gleich ins Krankenhaus. Das ist jedoch auch keine gute Idee in einer Region, wo Ärzte ohnehin schon knapp sind und sich die Wartezimmer dann mit potenziell Infektiösen füllen. Einrichtungen wie das österreichische Callcenter 1450, von wo aus Testteams zu den Betroffenen geschickt werden, oder die »Corona-Taxis«

in Heidelberg, spezielle Kleinbusse, die Ärzte zu Personen mit Covid-19-ähnlichen Symptomen bringen, um sie zu testen, gibt es nicht.

Postleitzahl als Risikofaktor

Mitte März wird die Situation auch in den Vororten nördlich von Paris dramatisch. Während gut ein Viertel der Pariser in ihre Landhäuser flüchtete, als Präsident Macron den Lockdown verfügte, haben die Bewohner der Türme des sozialen Wohnbaus in Saint-Denis und Clichy-sous-Bois keine Möglichkeit, der Enge zu entkommen. Jérôme Salomon, der Generaldirektor für öffentliche Gesundheit, sagt am 2. April, dass das Departement Seine-Saint-Denis zu den am meisten von Covid-19 betroffenen mit außergewöhnlich vielen Todesfällen gehört. Die Übersterblichkeit beträgt 63 Prozent.[182] Und das, obwohl die Bevölkerung der Banlieu relativ jung ist: Jeder Dritte ist unter 20. Aber in den dicht bevölkerten Vierteln ist Abstand halten schwierig, kinderreiche Familien mit Migrationshintergrund leben auf engem Raum zusammen. Ist ein Mitglied infiziert, sind es bald schon weitere.

Und es gibt noch eine andere, seltener thematisierte Tatsache: Die Krankenschwestern, Supermarkt-Kassiererinnen, Reinigungskräfte, das Sicherheitspersonal und die Busfahrer, kurz, alle, die das System in der ganzen Region aufrechterhalten und sich täglich der Ansteckung aussetzen, kommen aus 93, wie die Bewohner ihr Departement salopp nach dessen Postleitzahl nennen. 93 ist nicht nur das ärmste Departement Frankreichs mit hoher Arbeitslosigkeit, es ist auch eine der Versorgungswüsten. In den Krankenhäusern stehen nur ein Drittel so viele Intensivbetten wie in den Pariser Spitälern.[183] Auch wenn die

Bevölkerung jung ist, sind doch viele chronisch krank, sie haben Diabetes, sind übergewichtig, alles Risikofaktoren, wenn man sich mit dem Coronavirus ansteckt. Und sie zögern, zum Arzt oder ins Krankenhaus zu gehen, wenn sie krank sind, weil sie die Kosten fürchten. »Es ist nicht das Virus, das sich seine Opfer sucht, sondern es sind Gesundheits-, Wirtschafts- und soziale Krisen, die die Ärmsten und Schwächsten treffen«, sagt der Internist André Grimaldi.[184]

Der Tod der alten Menschen

Das Problem bleibt nicht auf die Krankenhäuser der Hotspots beschränkt. »Sie haben uns in den Tod geschickt«, sagt Michelle, Hilfskrankenschwester im Altersheim La Rosemontoise in Belfort, 50 Kilometer südwestlich von Mulhouse, am 9. April in einem Interview mit der Tageszeitung »Le Monde«.[185] Bis zu diesem Zeitpunkt sind 17 der 115 Bewohner von La Rosemontoise an Covid-19 gestorben, bei 40 weiteren besteht der Verdacht auf die Infektion. Michelle selbst wurde drei Wochen zuvor Corona-positiv getestet und fühlt sich wieder halbwegs gut, ihr Mann, den sie angesteckt hat, hat die Infektion nicht überlebt. Das Altersheim in Belfort ist das erste in Frankreich, von dem bekannt wird, dass das ohnehin knappe und ständig unter Zeitdruck stehende Personal ohne jeden Schutz arbeitet, dass es keinerlei Vorsichtsmaßnahmen gibt, das Virus draußen zu halten, nicht genügend Isolationszimmer. Einige Pflegepersonen sind krank und deshalb ausgefallen, das erhöht den Druck auf die anderen zusätzlich. Michelle erzählt, dass sie und ihre Kolleginnen kaum Zeit haben, die kranken Bewohner, die immer schwächer werden, zu füttern, sie zu waschen und umzuwickeln. »Es ist die Hölle.«

Tausende alte Menschen sterben im Laufe des März und April in den Heimen – nicht nur dort, wo auch die Krankenhäuser überlastet sind, sondern in ganz Frankreich. In einer Seniorenresidenz mit dem klingenden Namen La Riviera in der Nähe von Cannes wird ein Drittel der Bewohner Opfer der Infektion, viele der Angehörigen klagen die Heimleitung wegen unterlassener Hilfeleistung. Die Verantwortlichen ducken sich weg. Florence Arnaiz-Maumé, Generalsekretärin des Dachverbands privater Pflegeheimbetreiber, meint, es werde den Heimen nicht schwerfallen zu beweisen, dass sie alles in ihrer Macht Stehende getan haben, und schiebt die Schuld weiter: »Der Staat hat zu spät auf die Krise reagiert.«[186]

In der ersten Aprilwoche beginnt sich die Kurve der Neuinfektions-Zahlen in Frankreich allmählich nach unten zu neigen. Langsam lässt der Druck auf die Spitäler und Altersheime nach. »Waren wir genügend vorbereitet auf die Krise?«, fragt Emmanuel Macron in seiner vierten Fernsehansprache während der Corona-Krise am 13. April und gibt sich selbst die Antwort: »Ganz offensichtlich nicht.«[187]

Auch in der Lombardei werden Altersheime zur Todesfalle. Mit dem Erlass Nr. XI/2906 vom 8. März, dem Tag, an dem auch der gesamtitalienische Lockdown beschlossen wurde, ordnet Giulio Gallera, lombardischer Landesrat für Gesundheit, an, dass Covid-19-Patienten mit leichten Symptomen von den Krankenhäusern in die Altenheime überstellt werden. Die erklärte Absicht: Die Krankenhäuser sollten auf diese Weise entlastet werden. »Als hätte man ein brennendes Zündholz in den Heuhaufen fallen lassen«, kommentiert knapp einen Monat später Luca Degani, Präsident der Vereinigung lombardischer Pflegeheime, die Auswirkungen.[188]

Am 30. März untersagt ein weiterer Erlass der lombardischen Regionalregierung die Einlieferung von Covid-19-Patienten aus

Pflegeheimen in die Krankenhäuser, unabhängig davon, wie schwer der Krankheitsverlauf ist.[189] Für viele Heimbewohner, denen dadurch eine angemessene Behandlung untersagt wird, kommt dieser Erlass einem Todesurteil gleich.

Schutz vor Infektionen gibt es kaum, ebenso wenig wie Isoliermöglichkeiten; Alzheimerpatienten, die den Ernst der Lage nicht verstehen können, werden ans Bett gefesselt. Nadia Nardone, eine der Pflegerinnen im Trivulzio, einem der großen Heime in Mailand, berichtet, wie ihr und dem Rest des Personals Anfang März von der Direktion verboten wurde, Atemschutzmasken zu tragen. Wer dieser Weisung zuwiderhandelte und bei der Arbeit selbstgekaufte Masken oder sonstiges Schutzmaterial verwendete, wurde als Drohgebärde von den Vorgesetzten aufgeschrieben.[190] Ein Arzt, der in seiner Abteilung Atemschutzmasken tragen ließ, wurde sogar suspendiert.[191] Die Begründung: Atemschutzmasken und andere Schutzvorrichtungen würden unter Personal und Bewohnern nur unnötig Panik verbreiten.

Insgesamt starben von Ende Februar bis Ende April 27 Prozent der Mailänder Heimbewohner – anstatt der üblichen 10 bis 12 Prozent in früheren Vergleichszeiträumen.[192]

Die hohe Sterberate in Italien erklärt sich zum Großteil durch die starke Ausbreitung der Infektion in den Altenheimen. Eine Studie der London School of Economics and Political Science hat Daten aus verschiedenen Ländern zusammengetragen und einen Trend festgestellt: Je höher der Anteil der Infektionen und Covid-19-Toten in den Heimen, desto höher ist meistens auch die Covid-19-Sterberate in der Gesamtbevölkerung in den jeweiligen Ländern.[193] Je schlechter die Pflegeheime, deren Bewohner und Personal geschützt sind, desto tödlicher ist also das Virus.

Während Länder, die in der Pandemie vergleichsweise glimpflich davonkamen, einen niedrigen Anteil Infizierter in den Heimen aufwiesen, machten in Frankreich die Altenheimbewohner 51 Prozent der verzeichneten Covid-19-Todesfälle aus, in Schweden waren es 49 Prozent, in Großbritannien 38 Prozent und in den USA 45 Prozent. Auch der Gouverneur von New York schickte Altenheimbewohner nach kurzen Covid-19-Behandlungen im Krankenhaus wieder zurück in die Heime.[194] Nach ersten Schätzungen soll sich dieser Anteil in Italien und Spanien sogar um 53 beziehungsweise 57 Prozent bewegen.[195] In Deutschland dagegen betrug der Anteil der Heimbewohner an der Gesamtzahl der Covid-19-Toten laut RKI Anfang Mai 37 Prozent.[196]

Belgien zählt anders

»Es waren die richtigen Maßnahmen zum richtigen Zeitpunkt«, sagte die belgische Gesundheitsministerin Maggie De Block Ende Mai in einem Fernsehinterview auf die Frage, ob in Belgien vor allem in der Anfangsphase der Pandemie nicht doch Fehler passiert seien.[197]

Laut den Recherchen des Belgischen Rundfunks lassen sich 13 der 23 ersten Corona-Fälle in Belgien in ein Hotel in Obereggen in Südtirol zurückverfolgen. Von dort kamen die Skifahrer Ende Februar zurück. Bald fühlten sie sich krank, doch weil sie nicht in einem Krisengebiet gewesen waren, mussten sie sich die Tests regelrecht erschleichen. Und bis zu drei Wochen auf das Ergebnis warten. Das System war – trotz der Beteuerungen der Gesundheitsministerin, die Testkapazitäten seien mehr als ausreichend, und mehr zu testen bringe nichts[198] – einfach überlastet. Ebenso schlecht funktionierte die Ermittlung der Kontaktpersonen, die zwar erfragt, dann aber nicht kontaktiert und unter Quarantäne gestellt wurden. Diejenigen Urlaubsrückkehrer aus

Südtirol, die keinerlei Symptome zeigten, wurden nicht getestet und wissen bis heute nicht, ob sie nicht symptomlos krank waren und andere angesteckt haben.

Mit 374 Einwohnern pro Quadratkilometer ist Belgien eines der am dichtesten besiedelten Länder Europas, was die Ausbreitung des Virus zweifellos begünstigt hat. Schutzkleidung und Masken fehlten wie in allen europäischen Ländern auch in den belgischen Spitälern. Erst 2017 waren sechs Millionen hochqualitativer Atemschutzmasken aus dem Schweinegrippe-Jahr 2009 vernichtet, aber nicht ersetzt worden, »um das Geld der Steuerzahler nicht zu verschwenden«, wie die Gesundheitsministerin sagte.

Belgier ab 65 leben zu einem hohen Anteil in Altersheimen, nur in Luxemburg und den Niederlanden sind es noch mehr. Und die belgischen Heime waren wie fast überall in Europa schlecht auf die Pandemie vorbereitet. Dazu kommt, dass infizierte Pflegebedürftige ein mehr als 50-mal höheres Risiko haben, an der Infektion zu sterben, als der Rest der Bevölkerung, wie eine Studie der Universität Bremen gezeigt hat.[199] Wie dramatisch die Lage in Belgiens Altersheimen war, zeigte eine Mitte April veröffentlichte Studie. In 85 Einrichtungen waren großflächige Tests durchgeführt worden: Jeder fünfte Senior war SARS-CoV-2-positiv.[200]

850 Menschen pro einer Million Einwohnern starben in Belgien bis Anfang August an Covid-19. Damit steht das 11,5-Millionen-Einwohner-Land an der Spitze der traurigen Liste, die Großbritannien, Spanien, Italien, Schweden, Frankreich und USA die weiteren Ränge zuweist, Kleinststaaten wie San Marino oder Andorra nicht mitgezählt.[201] Doch für Steven Van Gucht, den Leiter der Virologie am belgischen Institut für öffentliche Gesundheit Sciensano, sind die Zahlenvergleiche unsinnig. »Das ist der Unterschied zwischen Gesundheitswissenschaft und Politik«, sagte er gegenüber der BBC.[202]

»Den Politikern geht es nur darum zu zeigen, wie gut sie sind.« Gucht meint, in Belgien würde korrekter als in anderen Ländern gezählt. Dort werden nämlich auch alle Menschen, die in Krankenhäusern und Pflegeheimen an Covid-ähnlichen Symptomen sterben, zu den Todeszahlen gerechnet, selbst wenn sie nicht getestet worden sind. Und immerhin 53 Prozent der Verstorbenen stammen aus Pflegeheimen, nur jeder Sechste davon ist tatsächlich positiv getestet worden. Sobald es Infektionsfälle in einem Heim gibt, schreibt der Arzt bei jedem Todesfall »Covid-19« in den Totenschein, egal, ob der Verstorbene getestet wurde oder nicht.[203] »Das ist vernünftig«, sagt Van Gucht. Er vermutet, dass die Zahlen sogar noch höher sind, und pocht darauf, dass Belgien eines der besten Gesundheitssysteme der Welt und ein verlässliches System der epidemiologischen Überwachung hat.[204]

Die Belgier sind jedoch nicht die Einzigen, die auch Verdachtsfälle von Covid-19 zu den Todeszahlen rechnen. Das tun die Franzosen (dort stammt die Hälfte der Verstorbenen aus Altersheimen) ebenso wie New York seit Mitte April, wo die veröffentlichten Sterbezahlen aus diesem Grund sprunghaft nach oben gingen. Großbritannien korrigierte die Todeszahlen Anfang Mai nach oben, seit auch Verstorbene in Altenheimen und in Privatwohnungen mitgerechnet werden, bei denen Covid-19 als Todesursache plausibel scheint.

Schlechte Luft ist gut für Viren

Schon in China fiel Epidemiologen auf, dass sich SARS-CoV-2 in der Region um Wuhan deutlich schneller verbreitet als in anderen Regionen. Wuhan hat über den Winter besonders hohe Belastungen durch Luftschadstoffe und Feinstaub. Ähnlich in der Lombardei, im Elsass, in Belgien, im Großraum

Madrid, Paris und London, in New York. Ein Forscherteam hat den Zusammenhang zwischen Wetter, Luftgüte und möglichen Infektionsraten in acht Städten untersucht und mit 42 anderen Städten verglichen, wo Covid-19 nicht so rasch verbreitet wurde. Eine Arbeit dazu ist in »JAMA«, der Zeitschrift der Amerikanischen Ärztevereinigung, erschienen.[205] Die Gemeinsamkeiten der Regionen mit hoher Covid-19-Verbreitung waren auffallend: kühle Temperaturen von ein bis zwölf Grad zur Zeit der größten Ausbreitung und schlechte Luft.

Wissenschaftler der Harvard School of Public Health haben mithilfe einer statistischen Auswertung untersucht, welchen Einfluss die Luftverschmutzung in den amerikanischen Regionen auf die Todesrate durch das Coronavirus hat: Bei einem Anstieg der Feinstaubpartikel um lediglich 1 µg/m^3 erhöht sich die Covid-19-Todesrate um 15 Prozent.[206] Der Grund: Die Patienten, die über mehr als 15 Jahre schlechte Luft einatmen, entwickeln eher Vorerkrankungen, weil die Feinstaubpartikel über die Lungenbläschen auch aufgenommen werden. Im Lungengewebe kommt es dadurch häufig zu langwierigen Entzündungen. Diese Vorerkrankungen sind dann mitentscheidend darüber, ob eine Covid-Erkrankung mild, schwer schwer oder gar tödlich verläuft.

Die Bedingungen für eine erhöhte Sterblichkeit sind bei SARS 1, das 2002 in Ostasien die Runde machte, schon recht genau untersucht. Forscher der Chinesischen Umweltagentur haben den Zusammenhang zwischen hoher Luftbelastung – gemessen am »air pollution index« (API), der die Belastung mit Schwefeldioxid, Stickoxiden, Kohlenmonixid und bodennahem Ozon misst – und der Sterblichkeit an der vom Coronavirus verursachten Lungenentzündung untersucht. SARS-1-Patienten in Gegenden mit hoher Luftbelastung starben doppelt so häufig an der obstruktiven Lungenerkrankung wie jene in Gegenden mit vergleichsweise reiner Luft.[207]

Der fatale Irrtum mit der Beatmung

Gegen die vom neuen Virus ausgelösten Krankheitssymptome gab und gibt es keine wirksame Therapie. Ein Feld für viele Therapieversuche. Manche haben offenbar zur deutlich erhöhten Sterblichkeit in Italien, Frankreich, Spanien, im Raum London und in New York beigetragen.

Besonders tragisch ist die Fehleinschätzung der maschinellen Beatmung in den Intensivstationen. Anfangs wurde dieser massive Eingriff, für den die Patienten auch in Tiefschlaf versetzt werden müssen, überall als »die Lebensrettung« gepriesen und die Zahl der Beatmungsplätze zum Synonym für Lebenschancen. Der Bedarf wurde in Modellrechnungen ermittelt. Allein in New York fehlten demnach 30.000 Beatmungsgeräte, der Gouverneur machte sich auf Einkaufstour.[208] Ende März wurden die ersten 3000 Geräte für zehn Millionen Dollar geliefert. Fabriken stellten ihre Produktion um, um diese Maschinen zu Tausenden herzustellen. Menschen, die keinen Beatmungsplatz mehr bekamen, wurden als todgeweiht bezeichnet. »In England und Amerika haben sie geglaubt, mit Beatmungsgeräten die Pandemie beherrschen zu können«, beschreibt der österreichische Infektiologe Christoph Wenisch die anglosächsische Strategie.[209]

Eine künstliche Beatmung ist ein schwerer Eingriff in den Körper. Der Patient wird dafür in ein künstliches Koma versetzt. Dann wird ein Schlauch in die Luftröhre eingeführt. Anders als beim natürlichen Atmen strömt die Luft dann aber nicht durch den beim Ausatmen entstehenden Unterdruck in die Lunge, sondern wird von der Beatmungsmaschine in die Lunge gedrückt. Das belastet das empfindliche Lungengewebe, es kann dadurch irreparabel geschädigt werden. Und je länger der Patient bewegungslos im künstlichen Koma ist, umso mehr schrumpft seine Muskelmasse. Das betrifft auch die Muskeln, die er zum Atmen braucht.

Bei anderen von Viren verursachten schweren Lungenentzündungen hat sich die maschinelle Beatmung dennoch bewährt. Aber bei Covid-19 hat sich sehr bald herausgestellt, dass sie meist schadet und oft zum Tod führt.

Anders als bei der klassischen Grippe oder sonstigen Lungenentzündungen fühlen viele Patienten bei Covid-19 keine ausgeprägte Atemnot. Sie ringen nicht um Luft und können noch sprechen, haben aber schon niedrige Sauerstoffwerte im Blut. Im Englischen spricht man von der »happy hypoxia«. Und das liegt daran, dass das Virus die ersten Schäden in den feinen Blutgefäßen der Lungen anrichtet und nicht wie sonst in den Lungenbläschen. Die Lungenbläschen funktionieren noch, aber es fehlt an Sauerstoff. Aber da reicht es meist, die Atemluft etwa mittels einer Maske mit Sauerstoff anzureichern, um den Körper ausreichend zu versorgen. Beatmungsmaschinen dagegen schwächen die Patienten.

Bereits am 20. Februar 2020 berichtete der chinesische Mediziner You Shang im Fachblatt »Lancet Respiratory Medicine« davon, dass die künstliche Beatmung selten hilft, das Leben der Patienten zu erhalten. In einer Fallserie einer einzelnen Klinik hatten 32 von 52 Patienten (62,5 Prozent) die Intensivstation nicht lebend verlassen. Von den verstorbenen Patienten waren fast alle (94 Prozent) beatmet worden. Von den 20 Patienten, die überlebten, hatten nur sieben (35 Prozent) eine mechanische Beatmung benötigt.[210]

Aber in Italien und später auch in England und New York setzten die Mediziner dennoch intensiv auf maschinelle Beatmung. Wie Maurizio Cecconi von der Humanitas University in Mailand berichtet, wurden 88 Prozent der Patienten auf den Intensivstationen intubiert und mechanisch beatmet – weit mehr als in China.[211]

Dann kamen auch aus Italien Warnungen, nachdem der größte Teil der beatmeten Patienten gestorben war. Auch die Zahlen aus Großbritannien und dem US-Bundesstaat New York waren bald alarmierend. In Großbritannien sprachen Mediziner davon, dass 60 Prozent der Beatmungspatienten starben. Von den Patienten, die in Großbritannien auf Intensivstationen beatmet wurden, konnte nach den vom britischen »Intensive Care National Audit and Research Center« (ICNARC) Anfang Mai veröffentlichten Ergebnissen lediglich einer von drei Patienten später lebend entlassen werden. Die Behandlungsergebnisse scheinen damit ungünstiger zu sein als bei anderen Viruspneumonien.[212] Die Überlebenschancen der Covid-19-Patienten sind deutlich besser, wenn sie nicht beatmet werden. In dieser Gruppe betrug die Sterberate 19,4 Prozent. Von den beatmeten Patienten dagegen starben 66,3 Prozent. Für New York berichtete Gouverneur Andrew Cuomo, dass 80 Prozent der intubierten Patienten starben.[213]

»Zu Beginn hat es geheißen, die frühzeitige Intubation sei ganz wichtig«, berichtet Christoph Wenisch von den Therapieschamata im Februar und März.[214] »Das war auch getragen von dem Gedanken, dass dadurch die Ansteckung des Personals vermieden wird, die Patienten husten ja dann nicht mehr.« Die österreichischen Intensivmediziner haben jedoch auf die chinesischen Studien reagiert. Es sei erstaunlich oft gelungen, ohne Beatmung mit zusätzlichem Sauerstoffangebot für die Patienten die Krisen zu überwinden. Wenisch: »Heute würde niemand mehr sagen, frühzeitige Intubation und Respirator ist die Lösung, kaufen wir ein paar Respiratoren, und das geht dann schon.«

Die Therapie der falschen Hoffnungen

Didier Raoult ist nicht nur in französischen Wissenschaftskreisen ein bekannter Mann. Er ist Mikrobiologe, hat in seinem Fach etliche bahnbrechende Entdeckungen gemacht und leitet ein eigenes Institut in Marseille. Laut wissenschaftlicher Datenbank »PubMed« ist Raoult Autor oder Mitautor von stattlichen 2333 Publikationen, 75 davon allein im ersten Halbjahr 2020. Er gilt als streitbarer Geist und meint, Forschung ist, wie das Leben, ein Kampf.

Außerhalb seiner Fachdisziplin brachte es der 68-Jährige mit der weißen Lockenmähne während der Corona-Krise zu Bekanntheit, weil er – wie Donald Trump – die Therapie der Covid-19-Erkrankung mit dem Malariamittel Hydroxychloroquin propagierte. »Propagiert« ist wahrscheinlich zu wenig gesagt, er behauptete, mit einer Kombination des Mittels mit einem Antibiotikum die einzig wirksame Therapie zu kennen. Scharenweise strömten Patienten in seine Klinik, um von der Behandlung zu profitieren. Anfang März publizierte Raoult eine Beobachtungsstudie, in der 26 Patienten mit milden Covid-19-Symptomen eine Besserung erzielt hatten; allerdings gab es keine Kontrollgruppe mit Patienten, die eine andere Behandlung oder ein Placebo erhalten hätten, wie das bei Medikamentenstudien gute wissenschaftliche Praxis ist.[215] Wenig später gelangte die Studie in verschiedene amerikanische Late Night Shows als Beweis für ein »billiges und wirksames Mittel gegen den Coronavirus«, auch Raoult selbst trat in einer der Shows auf.[216] Donald Trump sprach von Hydroxychloroquin als einem »game changer« im Umgang mit dem Coronavirus und die amerikanische Arzneimittelbehörde FDA erließ eine Schnellzulassung. Auch der brasilianische Präsident Jair Bolsonaro warb für das Medikament. Weitere Studien von Raoult, mit etwas größeren Patientenzahlen, folgten, auch sie ohne Kontrollgruppen.

Das Medikament gilt, seit es vor über 70 Jahren erstmals eingesetzt wurde[217], als gut verträglich, aber nur unter der Voraussetzung, dass keine Vorerkrankungen vorhanden sind und dass es nicht gleichzeitig mit anderen Medikamenten eingesetzt wird.[218] Voraussetzungen also, die bei Covid-19-Patienten sehr oft fehlen.

In Italien war Hydroxychloroquin bis zum 26. Mai ein zur »experimentellen Behandlung« von Covid-19-Patienten zugelassener Wirkstoff.[219] Verschiedene Studienergebnisse, die vor Nebenwirkungen warnten, brachten dann ab Juni größere Vorsicht (siehe Seite 189).

Bis dahin hatte der Wirkstoff aber Hochkonjunktur. Dem Medikament wurde vor allem eine erhebliche vorbeugende Wirkung zugeschrieben. So schwärmte etwa Paola Varese, Chefärztin für Onkologie im Krankenhaus Ovada im Piemont, im April von ihrer Selbsttherapie: »Nachdem ich positiv auf das Virus getestet wurde, nahm ich unverzüglich Hydroxychloroquin ein. Nach drei bis vier Tagen waren das Fieber und andere Symptome verschwunden.« Mit demselben Wirkstoff, so berichtet Varese, hätten sie und ihre Kollegen im Kreis Ovada auch 276 Patienten ambulant behandelt, und das mit durchwegs zufriedenstellenden Ergebnissen: Nur fünf Patienten mussten hospitalisiert werden.[220] Ausgehend von der damals aktuellen nationalen Hospitalisierungsrate hätten es stattdessen 55 Aufenthalte sein müssen.

Dass der Umgang mit solchen Medikamenten oft alles andere als professionell war, suggerieren die Erfahrungsberichte von Angehörigen, die auf der Facebook-Gruppe »Noi Denunceremo« versammelt sind. Die Gruppe hat rund 60.000 Mitglieder[221] und präsentiert die Geschichten von Covid-19-Patienten und deren Angehörigen, die sich nicht nur als Opfer des Virus, sondern menschlicher Fehlentscheidungen sehen. So findet man hier auch die Klagen jener, deren Angehörige eingeliefert wurden und die nach ihrer Zustimmung zur experimentellen Behandlung verstarben. Die Tochter eines Verstorbenen berichtet sogar, wie ihr die Intensivärzte am Telefon am 2. März noch versicherten, ihr Vater habe schriftlich in eine experimentelle Behandlung eingewilligt; als sie dann aber nach seinem Tod am 16. März die ärztlichen Unterlagen erhielt, entdeckte sie, dass die Einwilligung für die experimentelle Behandlung von ihrem Vater gar nicht unterschrieben worden war. Stattdessen stand da die Anmerkung eines Arztes: Der Patient habe durch ein Nicken des Kopfes seine Zustimmung gegeben.[222]

10

Wie Pandemien entstehen

Seit die Menschen in größeren Siedlungen leben und Ackerbau sowie Viezucht betreiben, sind sie auch Opfer von Epidemien. Doch erst seit der Mensch die Lebensräume der meisten Tiere radikal einschränkt, bedrohen uns Pandemien.

Wenn Mensch und Viren ganz gut miteinander auskommen, wie kann es dann zu Infektionskrankheiten kommen, gar zu solchen, die sich über weite Teile des Globus ausbreiten und Tausende oder Millionen Opfer fordern? »Wir befinden uns mit unserer Umwelt in einem fein austarierten Gleichgewicht, dessen Störung zu Krankheiten führen kann«, sagt die Virologin Karin Mölling.[223] Virenpartikel treffen keine Entscheidungen, sie haben nur ein einziges Programm: sich zu vermehren. Sie wollen ihrem Wirt nichts Böses, schon gar nicht ihn töten, denn dann würden sie sich ihrer Existenzgrundlage berauben. Aber sie sind Opportunisten und nutzen ungewöhnliche Situationen und Schwächen des Wirts aus.

Gründlich aus der Balance kam das fein austarierte Gleichgewicht zwischen Mensch und Umwelt bereits vor 12.000 Jahren, als die Menschen beschlossen, sesshaft zu werden und lieber in mehr oder weniger großen Gruppen enger beieinander zu leben und Tiere zu züchten, statt sie zu jagen.[224] Die Jäger und Sammler wurden zwar auch schon von Parasiten und Malaria geplagt. Doch großräumige Infektionsgeschehen wurden erst dort möglich, wo viele Menschen auf engem Raum lebten, weil dann Ansteckungen von Mensch zu Mensch wahrscheinlicher wurden.[225] Je größer die Städte wurden, desto besser wurden die Bedingungen dafür.

Mehr als die Hälfte der Menschen lebt heute in großen Städten, 33 Megacitys zählt die UNO weltweit, in Dhaka in Bangladesch leben 40.000 Menschen auf einem Quadratkilometer. Eine Milliarde Menschen weltweit haust in Armutsquartieren. Oftmals wachsen diese Agglomerate rasant, die Infrastruktur, wie Trinkwasserversorgung, Kanalisation und Müllabfuhr, kommt nicht nach. Der schlechte Gesundheitszustand der armen Bevölkerung tut ein Übriges. Gleichzeitig werden die Lebensbedingungen vieler Tier- und Pflanzenarten eingeengt. Wildtiere sind gezwungen, in die Städte zu übersiedeln, die Populationen werden ausgedünnt. Nun können Viren, die mit Wildtieren wie Fledermäusen friedlich koexistieren, überspringen, oder sie »müssen« es sogar, weil die Population der Wirte zu klein wurde und sie sich nicht mehr vermehren können.

Die Gefährlichkeit einer Virusepidemie – oder -pandemie, wenn sich die Krankheit über mehrere Kontinente ausbreitet – hängt von verschiedenen Faktoren ab: Auf welchem Weg wird das Virus übertragen? In welchem Krankheitsstadium? Ist der Infizierte erst ansteckend, wenn er die Krankheit spürt, oder schon davor? Wird jeder krank – und wenn ja, wie schwer – und merken es alle? Wie viele sterben? Und vor allem: Ist es ein neues Virus, mit dem Menschen noch keinen Kontakt hatten? Dann kann jeder angesteckt werden, weil das Immunsystem noch nicht dagegen gewappnet ist.

Die bekanntesten krankmachenden Viren werden als Tröpfcheninfektion weitergegeben, also beim Niesen, Husten, Schreien, Singen und Sprechen. Sind die Virenpartikel auch noch dann infektiös, wenn sie sich auf Oberflächen niedergelassen haben, ist die Ansteckungsrate durch diese »Schmierinfektion« hoch, wie bei den Schnupfen- oder Influenzaviren. Andere Viren bleiben auch in den Aerosolen – winzigen Teilchen, die länger in der Luft schweben – eine Zeit lang vermehrungsfähig. Bei Masern etwa genügt es sogar, sich im selben Raum mit einer infizierten Person aufzuhalten, schon ist man oft angesteckt. Besteht Infektionsgefahr auch schon, bevor der Virusträger krank ist, werden deutlich mehr Menschen infiziert, als wenn das nur bei Symptomen der Fall ist – Kranke bleiben meist zu Hause und treffen wenig andere Menschen. Manche Viren werden durch Kontakt mit Blut oder anderen Körperflüssigkeiten übertragen, etwa das Ebolavirus. Da ist allerdings die Sterberate unter den Infizierten hoch. Das klingt zwar zynisch, ist aber mit ein Grund, warum Ebola-Ausbrüche bisher immer begrenzt blieben.

Verwandlungskünstler

Mit der Grippe machten die Menschen wahrscheinlich schon vor rund 3200 Jahren in Zentral- und Südasien Bekanntschaft, zumindest ist dieser Ausbruch der erste gut dokumentierte. Seither ist das Grippevirus, besser gesagt, das Influenzavirus, denn das ist es, das die »echte« Grippe verursacht, immer wiedergekommen.

Im 15. und 16. Jahrhundert suchte der »Englische Schweiß« in mehreren Seuchenwellen Europa heim. Wahrscheinlich handelte es sich um Influenza oder um eine andere Viruserkrankung. Typisches Symptom waren starke Schweißausbrüche, die der Krankheit zu ihrem Namen verhalfen. Die Behandlung bestand damals in Bettruhe und dauerhafter Wärme – wer also Fieber hatte, wurde zusätzlich von außen aufgeheizt, was nicht selten zum Tod infolge Herz-Kreislauf-Versagens geführt haben dürfte. Schon damals wiesen Kritiker auf das Risiko für die Kranken hin, »tot zu schmoren«. Kranke, die sich dagegen wehrten, wurden teilweise in das Bettzeug eingenäht. Martin Luther kritisierte anlässlich eines Ausbruchs des »Englischen Schweißes« in Wittenberg 1529 diese hypochondrische Angst inklusive der Schwitzkuren. Er ging damals von Haus zu Haus, riss den Kranken die Federbetten weg und stieß die Fenster weit auf.

Immanuel Kant erkrankte 1782 an der Grippe. Er schrieb bereits, dass die Krankheit nicht durch Luftbeschaffenheit zu erklären sei, sondern durch Ansteckung. Allgemein herrschte der Glauben, dass die Krankheit durch einen mit Ausdünstungen (Miasmen = Verunreinigungen) beladenen Wind über das Abendland gekommen sei.[226]

Influenzaviren sind Verwandlungskünstler, es gibt etliche Subtypen. Häufig und relativ rasch wechseln sie die Eiweißmoleküle ihrer Hülle. Die sorgen dafür, dass sich das Virus an die Zellen der Atemwege anheften und dort vermehren kann. Das Immunsystem regiert darauf und ist damit bisweilen so beschäftigt, dass zusätzlich noch Bakterien, die eine Lungenentzündung hervorrufen, leichtes Spiel haben.

Besonders gern nisten sich die Influenzaviren in Menschen ein. Vor allem Schweine und Vögel, aber auch Pferde sind ebenso Wirte. Wo Menschen und Tiere nah beieinander leben, können die Tier-Viren und die Menschen-Viren ihre Gensequenzen austauschen und neue Subtypen bilden. Das geschah etwa in den 1870er-Jahren in Nordamerika, wo es zu einer regelrechten Pferdegrippen-Epidemie kam. Mit neuen Methoden der Gentechnik konnte 2014 festgestellt werden, dass das Virus, das die Pferde befallen hatte, eng verwandt mit Hühner-Viren ist. Und dass ein paar von deren Genschnipseln wiederum im Erbgut des Verursachers der Spanischen Grippe steckten.[227]

Die tödlichste Pandemie

Die Krankheit, mit der sich der Küchenunteroffizier Albert Gitchell am Morgen des 4. März 1918 im Lazarett von Camp Funston im US-Bundesstaat Kansas meldete, übertraf in ihrer Dynamik alles bis dahin und auch alles bisher Dagewesene. Innerhalb weniger Stunden klagten hundert weitere Kameraden wie Gitchell über Halsweh, Kopf- und Gliederschmerzen. In der Militärstation wurden Soldaten für ihren Einsatz in Europa rekrutiert – die USA waren ein Jahr zuvor in den Krieg eingetreten.[228] Ob die Grippe, die als die »Spanische« in die Geschichtsbücher eingehen sollte und an der jeder dritte Erdbewohner, insgesamt 500 Millionen Menschen erkrankten, tatsächlich von Kansas ausging, einem ärmlichen Gebiet mit Geflügel- und Schweinezucht, ist ungewiss. Es kann genauso gut vom nordfranzösischen Truppenlager Étaples aus gewesen sein, wo in unmittelbarer Nähe massenhaft Hühner, Schweine und Rinder gehalten wurden, um die Versorgung der Verwundeten und des Pflegepersonals sicherzustellen. Oder von China aus, von wo Arbeitskräfte für die Alliierten nach Europa entsandt wurden. Klar ist: Das Virus kam von Hausvögeln und sicherlich nicht aus Spanien. Von dort kamen bloß im Mai die ersten Meldungen über den Ausbruch einer offenbar gefährlichen Krankheit, die in den anderen Ländern von der Zensur unterdrückt wurden.

Den »Patienten null« zu finden, jene Person, die sich als erste mit einem neuartigen Erreger ansteckt, darauf sind Wissenschaftler besonders erpicht, denn so können sie zurückverfolgen, woher der Krankheitskeim ursprünglich kam. Bei der Spanischen Grippe wird das wohl nicht mehr möglich sein. Auch wie viele Menschen dem Virus, das von 1918 bis 1920 dreimal die Erde umrundete, schlussendlich zum Opfer fielen, ist kaum zu ergründen. Jedenfalls waren es mehr, als der Erste Weltkrieg gefordert hatte, die angegebenen Zahlen schwanken zwischen 50 und 100 Millionen.

Die Ursache, das Influenza-A-Virus H1N1, konnte zur Zeit des Krankheitsausbruchs weder isoliert noch identifiziert werden, es gab keine antiviralen Medikamente und auch keine Schutzimpfung. Vor Ansteckung konnte man sich bloß dadurch schützen, dass man sich von infizierten Personen fernhielt, was umso schwieriger ist, je beengter die Lebensverhältnisse sind. Während der ersten Ansteckungswelle im Frühjahr 1918 waren die Todesfälle noch relativ gering. Im Herbst kam die zweite, tödlichere Welle. Dort, wo Menschen dicht an dicht zusammenlebten, wie in Rekruten- und Kriegsgefangenenlagern, war die Ansteckungs- und Todesrate besonders hoch. Italienische Migranten in den USA starben häufiger als Menschen, die in weniger prekären Verhältnissen hausten.[229]

Anders als bei anderen Grippewellen waren weniger Kinder als Erwachsene betroffen. Der Evolutionsbiologe Michael Worobey von der Universität Arizona hat aus einem im Permafrost konservierten Grippetoten ein Virus isoliert und einem genetischen Verfahren unterzogen, das bestimmte Erbgutveränderungen erkennbar macht. Demnach kam es Anfang 1918 zur Kreuzung eines bereits seit zehn bis 15 Jahren kursierenden menschlichen mit einem Vogelgrippevirus.[230] Das erklärt, warum Kinder unter 15 sich zwar mit der Spanischen Grippe angesteckt, aber nur selten daran gestorben waren. Da Kinder sich generell leichter mit Influenzaviren infizieren als Erwachsene, hatten sie bereits Bekanntschaft mit einem Teil des Virus gemacht und gewisse Abwehrkräfte dagegen entwickelt. Und es erklärt auch, warum die Todeszahlen in entlegenen Gebieten so hoch waren: Dort war niemand immun. Auf den Fidschi-Inseln starben innerhalb von 16 Tagen 14 Prozent der Einwohner. In Labrador und Alaska forderte die Spanische Grippe ein Drittel der Bevölkerung.[231]

Todesursache war dann meist akutes Lungenversagen, ausgelöst nicht durch das Virus selbst, sondern durch eine Überreaktion des Immunsystems, einen sogenannten Zytokinsturm. Der bewirkt eine unkontrollierte Entzündungsreaktion, die im ganzen Körper großen Schaden anrichtet, bis hin zum Kreislaufschock und zu Organversagen.

Auch der Erreger der Asiatischen Grippe von 1957 – Subtyp A/H2N2 – war eine Kombination aus einem menschlichen und einem Vogelgrippevirus, ausgehend wahrscheinlich von China. Im August erkrankten immer mehr Menschen in Europa. Im Herbst gab es in verschiedenen Ländern Grippeferien und überall hohe Krankenstandszahlen. Anfang Oktober fielen beispielsweise im Ruhrgebiet an einzelnen Tagen bis zu 70.000 Bergleute aus, schreibt der Medizinhistoriker Wilfried Witte.[232] Da es keine Meldepflicht für Influenza gab, beruhten die Krankheitszahlen hauptsächlich auf Schätzungen. Insgesamt wurde die Grippe nicht als besondere Bedrohung wahrgenommen, immerhin war der letzte Krieg erst etwas mehr als zehn Jahre her, Leid und Tod waren noch allgegenwärtig. Nachdem H2N2 rund 20 Prozent der Weltbevölkerung angesteckt und ein bis zwei Millionen Menschen getötet hatte, verschwand es wieder, ebenso wie das Spanische-Grippe-Virus 1920.

Grippeerkrankungen treten meist in Wellen auf, sie kommen und gehen, und daher, dass man früher dachte, das habe etwas mit dem Einfluss der Gestirne zu tun, stammt auch der Name: Influenza. 1968 tauchte ein neuer Subtyp auf. Die Hongkong-Grippe war etwas weniger tödlich als sein Vorgänger, verursachte weltweit aber auch mehr als eine Million Tote. Die Öffentlichkeit nahm kaum Notiz davon. Wieder war der Erreger eine Kombination aus Vogelviren und bereits unter Menschen zirkulierenden Influenzaviren.

Von Vögeln und Schweinen

Waren die dramatischen Grippe-Pandemien noch vergleichsweise gottergeben hingenommen worden, begannen Epidemiologen und Infektionsmediziner in den 1990er-Jahren immer
öfter vor einer neuen Pandemie zu warnen. Auch die WHO
wurde nicht müde, Horrorszenarien an die Wand zu malen. Die
Erkenntnis, dass einerseits die Welt immer näher zusammen-
rückte und andererseits die aggressivsten Grippeviren von Tieren
stammten, heizte die Alarmstimmung an. Michael Osterholm,
Epidemiologe an der University of Minnesota und Doyen der
Grippeforschung, nannte in einem Artikel im angesehenen »New
England Journal of Medicine« eine drohende Influenzapande-
mie das größte vorstellbare Risiko für die gesamte Menschheit.
150 Millionen Menschen könnten sterben.[233]

Und dann kam die Vogelgrippe H5N1. Schon Ende der
1990er-Jahre hatte es in China und Südkorea, in Thailand
und Vietnam gehäuft Ausbrüche in Geflügelfarmen gegeben.
2004 dezimierte das Virus Geflügelbestände von der Region
Hongkong ausgehend bis Sibirien und in die Mongolei, häufig
waren auch Wildvögel betroffen. Das bedeutet, dass nicht nur
legale und illegale Geflügeltransporte, sondern auch Wildvögel
auf dem Weg in ihre Brutgebiete das Virus weitertransportiert
haben können.[234] Auch in Europa war das Vogelgrippevirus mit
seinen verschiedenen Subtypen nicht neu. Eingedämmt wird es,
indem der gesamte Tierbestand der betroffenen Geflügelzucht
getötet und verbrannt wird. Es gibt auch Impfstoffe für Tiere.
Menschen können sich nur schwer mit dem Virus anstecken. Es
wird durch den Kot von Vögeln übertragen, was bisher nur in
Einzelfällen geschah.[235]

Doch im Mai 2005 warnte der damalige Impfdirektor der
WHO, der später zur Impfstoffentwicklung beim Pharmariesen

Novartis wechselte, plötzlich vor einer drohenden Pandemie mit bis zu sieben Millionen Toten – gemeint waren Menschen.[236] Regierungen auf der ganzen Welt, auch in Österreich, deckten sich um Millionenbeträge mit dem neuen Grippemittel Tamiflu ein, orderten Schutzmasken und erstellten Grippepandemiepläne, um für den Fall des Falles gerüstet zu sein. Im Februar 2006 versetzten zwei an H5N1 verendete Schwäne in Wien das ganze Land zusätzlich in Alarmbereitschaft. Vorsorglich wurde das Bundesheer für den Pandemiefall mit der Aufrechterhaltung der öffentlichen Ordnung betraut.[237] Doch die Katastrophe blieb aus. Weltweit erkrankten laut WHO 861 Menschen an der Vogelgrippe, 455 starben. Allerdings in allen auftretenden Vogelgrippe-Ausbrüchen bis zum 20. Januar 2020 zusammengerechnet.

2009 wiederholte sich das Spektakel mit einem anderen Hauptdarsteller, diesmal der Schweinegrippe. »Manchmal kommt es mir vor, als hätten manche geradezu Sehnsucht nach einer Pandemie«, konstatierte der Grippe-Experte Tom Jefferson von der internationalen Cochrane Collaboration damals. »Alles, was es jetzt brauchte, um diese Maschinerie in Gang zu bringen, war ein kleines mutiertes Virus.«[238] Im Frühjahr gab es die ersten Krankheitsfälle bei Menschen in Mexiko, dann in den USA, und bald identifizierte die US-Seuchenbehörde CDC den Keim als neuartiges Influenzavirus A, ein Schweinegrippevirus vom Subtyp H1N1. Die Gesundheitswächter befürchteten einen Seuchenzug ähnlich der Spanischen Grippe. Widersprüchliche Meldungen kamen aus Mexiko, erst war von mehreren Dutzend, dann nur mehr von sieben Todesfällen die Rede. Gefährlich hörte es sich trotzdem an.

Die Regularien der WHO besagen, dass eine Pandemie dann auszurufen ist, wenn sich ein neues Virus über »mindestens zwei der sechs WHO-Regionen«[239] ausbreitet. Über die Gefährlichkeit der Krankheit sagen sie nichts. Trotzdem wurde

»Pandemie« automatisch mit »todbringende Seuche« gleichgesetzt. Die 15 Top-Infektionsexperten der Welt kamen in regelmäßigen Telefonkonferenzen mit der damaligen WHO-Generaldirektorin Margaret Chan zusammen. Das Strategic Health Operations Centre der WHO-Zentrale in Genf wurde monatelang zum Epizentrum der weltweiten Virusbekämpfung und ging von einem Worst-Case-Szenario mit mindestens 7,4 Millionen Toten aus. Befeuert wurde die Aufregung durch die Hightech-Medizin, die durch Gensequenz-Bestimmungen in kürzester Zeit einen Steckbrief jedes Erregers zeichnen und ihn mittels Labor-Testverfahren in Infizierten nachweisen kann, sowie von der Pharmaindustrie, die Grippemittel und Impfstoffe bereithielt.

Gesundheitsminister rund um den Erdball bestellten wieder Schutzmasken – deren Restbestände da und dort schließlich während der Corona-Pandemie zum Einsatz kamen – und Medikamente und unterschrieben Verträge für ausreichende Mengen an Impfstoff.

Im November flaute die Schweinegrippe in Europa ab, am 10. August 2010 erklärte die WHO die Pandemie für beendet. In Österreich wurde sie schließlich als saisonale Influenza deklariert. Die Erkrankung war besonders mild verlaufen. Der Onkologe und Vorsitzende der Arzneimittelkommission der deutschen Ärzteschaft Wolf-Dieter Ludwig zog ein Fazit der Pandemie, die keine war: »Die Gesundheitsbehörden sind auf eine Kampagne der Pharmakonzerne hereingefallen, die mit einer vermeintlichen Bedrohung schlichtweg Geld verdienen wollten.« Der Arzt und Europarat-Abgeordnete Wolfgang Wodarg rechnete nach, dass die Ausrufung der Pandemie durch die WHO den Pharmaunternehmen 18 Milliarden Dollar an Zusatzeinnahmen gebracht hatte. Allein der Jahresumsatz des Grippemittels Tamiflu war um 435 Prozent auf 2,2 Milliarden Euro gestiegen.[240]

Menschengemachtes Problem

Was ist also dran an den Pandemie-Warnungen?

Zwei von drei Erregern, die bei Menschen Krankheiten auslösen können, stammen von Tieren, »Zoonosen« nennen Experten diese Infektionskrankheiten. Dabei werden die Keime entweder jedes Mal direkt von Tieren übertragen, wie etwa bei der Pest oder bei Malaria. Viren können auch dauerhaft den Wirt wechseln, wie bei Influenza, Ebola oder auch beim Masernvirus, das sich vor gut 2500 Jahren aus der Rinderpest entwickelt hat.[241] Viele Grippestämme infizieren zuerst Vögel und dann Menschen. Moskitos übertragen das Zika-Virus, das ursprünglich wahrscheinlich von Makaken stammt. Das HI-Virus, der Erreger von Aids, befiel zuerst Schimpansen, bis es, irgendwann in den 1950er-Jahren, vielleicht auch schon viel früher, den Wirt wechselte; mehr als 32 Millionen Menschen sind bisher weltweit daran gestorben. Fledermäuse sind besonders beliebte Reservoirwirte von zahlreichen Viren, die Menschen gefährlich werden können: etwa das Marburg-Virus, das Ebolavirus oder die Coronaviren SARS-CoV-1 und -2.

Zoonosen werden jedenfalls häufiger, und dabei spielen menschengemachte Umstände eine entscheidende Rolle. Etwa der Klimawandel. »Tropenkrankheiten haben das Tropische verloren, wir sehen sie hier häufiger«, sagt der Infektiologe Christoph Wenisch von der Wiener Klinik Favoriten.[242] So braucht etwa die Tigermücke, die sowohl Dengue-, Chikungunya- als auch Gelbfieberviren übertragen kann, keine tropischen Tümpel mehr, um sich wohlzufühlen. Es genügen Wasserreste in Autoreifen in immer wärmer werdenden weit nördlicheren Gebieten. Oder, wie 2009 nach der Finanzkrise, verwahrloste Swimmingpools in den Gärten leerstehender Häuser in Florida, wo es zu einem Ausbruch von Dengue-Fieber kam.[243]

Bereits 2008 hat die Ernährungs- und Landwirtschaftsorganisation FAO darauf hingewiesen, dass die Industrialisierung der Nutztierhaltung, speziell in warmen, feuchten Klimazonen, eine Gefahr für neue Krankheitserreger darstellt.[244] »Eine große homogene Masse von Tieren, 20.000 Hühner oder 20.000 Nerze oder 1000 Schweine, wenn die empfänglich sind für dieses zoonotische Virus, das in einer Stechmücke vorkommt oder in einer Fledermaus, dann kann sich das in dieser Gruppe erst mal vermehren, anpassen, und kann dann auf den Menschen übertragen werden«, sagt der Virologe und Tropenmediziner Jonas Schmidt-Chanasit vom Bernhard-Nocht-Institut in Hamburg.[245]

Ganz unverblümt sagt das auch die Primatenforscherin Jane Goodall: »Die Menschheit ist erledigt, wenn es uns nicht gelingt, unsere Nahrungsmittelproduktion von Grund auf zu verändern.« Der Raubbau an der Natur und die Massentierhaltung hätten zu einem Reservoir an Krankheitserregern geführt, die jederzeit auf den Menschen überspringen können, sagte Goodall im Rahmen eines Online-Meetings mit zwei EU-Kommissionsmitgliedern Anfang Juni 2020 und machte die »absolute Respektlosigkeit Tieren und der Umwelt gegenüber« dafür verantwortlich.[246]

»Die Zerstörung von gewissen Lebensräumen ist ein ganz entscheidender Faktor«, sagt der Virologe Jonas Schmidt-Chanasit. »Gepaart mit der schnellen Reisemöglichkeit heutzutage ist das die ideale Voraussetzung, dass Erreger, die früher in kleinen abgeschirmten Lebensräumen zirkulierten, den Übersprung auf den Menschen schaffen und dass der Mensch es dann aus diesen abgelegenen Gebieten auch in größere Städte schafft.«[247] In Afrika wurden für die Agrarindustrie bereits drei Viertel der Wälder abgeholzt. Das, was noch übrig ist, sind entweder Naturparks und Reservate oder kleine, von riesigen Feldern umgebene Wäldchen. Und Menschen nutzen auch den Wald: Sie jagen Kleintiere und sammeln Brennholz. Zwar weichen sie dabei

Affen oder anderen Tieren aus, weil sie wissen, dass das Krankheitsüberträger sind, doch zuweilen kommen sie ihnen doch nahe – so nahe, dass sie sich infizieren.[248] Auch der Wildtierhandel und die in manchen Regionen kulturell tief verwurzelten Wildtiermärkte sind in dieser Hinsicht problematisch.

Katastrophen auf beschränktem Raum

Coronaviren sind ein Beispiel dafür. Im November 2002 sprang in der südchinesischen Provinz Guangdong ein Coronavirus von einer Schleichkatze auf einen Menschen über. Später wurde bekannt, dass das ursprüngliche Reservoir des Erregers eine Fledermaus aus der Familie der Hufeisennasen war.[249] Das Virus und die von ihm verursachte Atemwegserkrankung verbreitete sich zuerst still in China. Erst als es die ersten Opfer in Hongkong gab, wurde die neue Infektionskrankheit bekannt.[250] Sie breitete sich schließlich auf 25 Staaten aus, doch insgesamt war die Zahl der weltweiten Infektionen mit 8000 gering. Allerdings war die Sterberate mit 10 Prozent der Infizierten hoch, die meisten Opfer gab es in Asien.[251] Vor allem Beschäftigte im Gesundheitswesen und in der Lebensmittelverarbeitung steckten sich an.

In den besonders befallenen asiatischen Ländern wurden Kontaktverfolgungen durchgeführt und Quarantänen verhängt, um Infektionsketten zu brechen. Grenzen wurden gesperrt, Reisewarnungen ausgesprochen. Im März 2003 rief WHO-Generaldirektorin Gro Harlem Brundtland eine internationale Warnung aufgrund der ersten globalen Epidemie des 21. Jahrhunderts aus. Im Mai wurde der Höhepunkt der Pandemie verzeichnet. Aber schon im Juli war alles vorüber, und niemand weiß genau, warum. Dazu beigetragen hat sicherlich, dass die Infizierten erst ansteckend waren, wenn sie heftige Symptome hatten, weshalb die meisten Erkrankten ohnehin zu Hause blieben. Die Inkubationszeit lag zwischen zwei und zehn Tagen. Das vereinfachte es, die Kontakte zurückzuverfolgen, ehe sie selbst erkrankten. SARS-CoV-1 war obendrein meist auf Städte mit guter Krankenhausversorgung beschränkt und die relativ wenigen Fälle überforderten die Gesundheitssysteme nicht.[252]

Dieses Coronavirus ist seither nicht wieder in Menschen diagnostiziert worden. Anders als Europa – und auch China – hatten die von SARS-CoV-1 stark betroffenen Länder wie Taiwan oder Hongkong aus der Epidemie gelernt und konnten bei Ausbruch von SARS-CoV-2 auf funktionierende Pandemiepläne zurückgreifen und von Anfang an wirksame Maßnahmen setzen.

Auch das Ebolavirus ist ein Beispiel für ein Virus, das von einem Wildtier auf einen Menschen übersprang und immer wieder zu einer weitreichenden Bedrohung wird. »Hier hat der Mensch massiv in den Lebensraum der Wildtiere eingegriffen, ihn vernichtet, indem er Plantagen angelegt hat oder Massentierhaltung betreibt«, sagt der Tropenmediziner Jonas Schmidt-Chanasit.[253] Als Reservoir für das Ebolavirus gelten in den Wäldern Afrikas beheimatete Nilflughunde, die dort auch verzehrt werden. Für die Fledermäuse ist das Virus harmlos, für die Menschen nicht. Zum ersten Mal brach Ebola 1976 in der Nähe des Ebola-Flusses im Norden der Demokratischen Republik Kongo aus, und ursprünglich wurde angenommen, dass eine Übertragung von Mensch zu Mensch kaum vorkommt. 2014 wurde klar, dass Menschen, die das Virus tragen, sogar hochinfektiös für andere sind.[254] Immer weiter breitete sich die Krankheit vom südlichen Guinea nach Sierra Leone, Nigeria, Senegal und Mali aus.

Die Übertragung des Ebolavirus erfolgt durch Körperflüssigkeiten, jeder Infizierte gibt das Virus im Durchschnitt an zwei

Personen weiter, mindestens die Hälfte davon stirbt. In Sierra Leone ist es üblich, einander die Hände zu schütteln und Tote intensiv zu berühren. Und das Virus ist kurz nach dem Tod besonders infektiös.[255] Dazu kam, dass das Land keinerlei Erfahrung mit Notfallplänen hatte. Das Virus hatte freie Bahn.

Anfang August 2014 erklärte die WHO den Ebola-Ausbruch zum internationalen Gesundheitsnotfall. Damit kann die Organisation völkerrechtlich verbindliche Vorschriften zur Eindämmung einer Epidemie erlassen, etwa Quarantäne-Maßnahmen oder die Schließung von Grenzen, aber auch, dass sich alle Länder an der Bekämpfung der Krankheit vor Ort beteiligen.[256]

Nachdem die WHO vor den Gesundheitsgefahren gewarnt hatte, rüsteten sich auch andere Länder für den Ernstfall. In Wien koordinierten die Infektionsabteilung des Kaiser-Franz-Josefs-Spitals (KFJ), die Ärztekammer und die Wiener Berufsrettung Ablaufpläne für den Fall eines Verdachtsfalls.[257]

Die Angst, dass es auch in Europa und den USA zu einem Ausbruch kommen könnte, griff um sich. Bilder vermummter Ärzte in Schutzkleidung, die die Infizierten in den Krisengebieten versorgten, von Leichen in Plastiksäcken gingen um die Welt. Die EU-Gesundheitsminister vereinbarten bei einem Krisentreffen in Brüssel, die Pass-, Visa- und Flugdaten von Reisenden aus den betroffenen Gebieten auszutauschen. In Österreich plante die damalige Gesundheitsministerin Sabine Oberhauser eine Taskforce zwischen Ministerien, Flughäfen und den ÖBB. Inzwischen waren allein in Freetown, der Hauptstadt Sierra Leones, einer Hafenstadt mit internationaler Anbindung, Zehntausende der eine Million Einwohner unter Quarantäne gestellt.[258] Die Vereinten Nationen fürchteten um den Weltfrieden.

Doch die angesagte weltweite Katastrophe blieb auf Westafrika beschränkt. Nur vereinzelt gab es Fälle in den USA, in Spanien und in Großbritannien. In den hauptbetroffenen

Ländern Sierra Leone, Liberia und Guinea sind hingegen 11.500 Menschen der Seuche zum Opfer gefallen.[259] Dort waren auch die wirtschaftlichen Auswirkungen aufgrund der Quarantäne-Maßnahmen und Beschränkungen von Handel und Verkehr erheblich. Der Präsident der Weltbank sprach von einer ökonomischen Katastrophe für die drei Länder.[260] Im März 2016 erklärte die WHO den Gesundheitsnotfall für beendet.

Muss man sich also tatsächlich vor Pandemien fürchten? Oder ist doch immer alles nur halb so wild?

»Durch die internationale Reisetätigkeit wird jede Infektionskrankheit, die irgendwo auf der Welt auftritt, relevant«, sagt der Infektiologe Christoph Wenisch. Ganze Kontinente sind nur mehr ein paar Flugstunden voneinander entfernt. Machten sich im Jahr 1980 noch 642 Millionen Menschen per Flugzeug auf die Reise, wurden 2018 4,3 Milliarden Fluggäste befördert.[261] Unternehmen haben Niederlassungen in den entlegensten Gebieten der Welt und schicken ihre Mitarbeiter dorthin. »Aber anders als in Europa, wo es bei Krankheitsausbrüchen Angst- und Panikmache gibt, sollte man sich ein Beispiel an Taiwan oder Südkorea nehmen, wo man im Bereich des Rationalen bleibt und respektvoll damit umgeht.«[262]

Gerd Gigerenzer, Risikoforscher aus Berlin, sagt, er wundere sich, dass man aus den letzten Gesundheitskrisen nichts gelernt habe. Gigerenzer hat nichts mit Infektionskrankheiten zu tun, er ist kein Virologe und auch nicht Epidemiologe, er ist Psychologe. Eines der größten Risiken, sagt er, ist, dass Politiker unter Druck gesetzt werden und überreagieren, um sich nicht dem Vorwurf der Untätigkeit auszusetzen.[263]

Sei die Epidemie oder Pandemie einmal ausgebrochen, dürfe man nicht nur durch die epidemiologische oder virologische Brille schauen, sagt der Virologe Schmidt-Chanasit. Ökonomie, Wissen, Ausbildung und die Grundrechte müssten immer in

Einklang stehen, »sonst kann man nie effektiv vorgehen«. Aber: »Wir müssen den Zusammenhang zwischen Klimaveränderung und Umweltzerstörung mit den Epidemien und Pandemien verstehen und eine Lösung finden, wie wir mit der Natur auskommen. Es werden immer mehr Viren überspringen und zu verheerenden Epidemien führen. Das ist ein Alarmsignal, das die Natur uns sendet, dass wir sie zerstören und uns letztendlich selbst zerstören.«

11

Das Leiden der anderen

»Kollateralschäden« nennen Offiziere die nicht beabsichtigten Opfer kriegerischen Handelns. Sie sind praktisch immer weit größer als die Opfer unter den Soldaten. Beim Kampf gegen Covid-19 dürfte es ähnlich sein.

»Mit Blick auf unsere Freiheitsrechte sage ich: Das war eine sehr merkwürdige Kombination aus medialem Versagen und Politikversagen, das sich wechselseitig hochgeschaukelt hat und das mit großer Wahrscheinlichkeit Kollateralschäden verursacht hat, die größer sind als die Schäden, die das Virus selbst anrichten hätte können.« Stephan Ruß-Mohl, Gründer des Europäischen Journalismus-Observatoriums, zieht eher bitter Bilanz über die Monate des Lockdowns.[264] Die Medien hätten von Beginn an die einseitige Fixierung auf Maßnahmen gegen eine Krankheit hinterfragen müssen, so der Kommunikationswissenschaftler, stattdessen haben sie mit täglichen schrillen Meldungen nur den Angstpegel erhöht. Datenauswertungen des Complexity Science Hub zeigen, dass ab dem 20. Februar in den sozialen Medien Angst das überwiegend thematisierte Gefühl war.[265]

Die permanente Alarmstimmung blieb nicht ohne Auswirkung auf die psychische Gesundheit der Bevölkerung. »Die Ergebnisse haben uns wirklich überrascht«, sagt Christoph Pieh.[266] Er ist Psychiater und Professor für Psychosomatische Medizin und Gesundheitsforschung an der Donau-Universität

Krems und hat gemeinsam mit Kollegen untersucht, wie die Österreicher und Briten während des Lockdowns psychisch litten.[267] Anhand standardisierter Fragebögen wurde online in beiden Ländern eine repräsentative Bevölkerungsgruppe nach ihrer Lebensqualität, ihrem Wohlbefinden und Symptomen von Depressionen, Stress und Angstzuständen sowie zur Schlafqualität befragt.

Erstaunlich für Pieh war vor allem, wie sich die Probleme vervielfacht hatten. Depressionen hatten sich im Vergleich zu Zeiten vor Corona verfünffacht, Schlafstörungen mehr als verdoppelt, Angsterkrankungen fast vervierfacht – von 5 auf 19 Prozent. In Großbritannien sind die Zahlen noch besorgniserregender: Dort ist der Anstieg gerade bei schwerer Ausprägung von depressiven Symptomen oder Angstsymptomen dreimal höher als in Österreich. In der zweiten Erhebung nach Ende des Lockdowns blieben die Krankheitszahlen ebenso hoch.

»Es ist hauptsächlich die Unsicherheit im Zusammenhang mit der neuen Erkrankung und mit den wirtschaftlichen Auswirkungen der Lockdown-Maßnahmen wie der mögliche Jobverlust, die dramatischen Einfluss auf die mentale Gesundheit hat«, sagt Pieh. Betroffen, auch das zeigt Piehs Untersuchung, sind vor allem junge Menschen zwischen 18 und 24 Jahren, Singles und Menschen, die vor oder während der Krise ihren Arbeitsplatz verloren haben.

Zahlreiche Studien aus China, Indien und Spanien bestätigen Piehs Befunde. Daten aus Italien weisen darauf hin, dass allein schon die Einschränkung der Bewegungsfreiheit negative Auswirkungen auf die Psyche hat.[268] Über 80 Prozent der Eltern im Iran berichten von Verhaltensänderungen bei ihren Kindern, die während der Ausgangsbeschränkungen und Schulschließungen vermehrt Konzentrationsschwierigkeiten, Unruhe, Reizbarkeit und Verlassenheitsgefühle zeigten.[269]

»Wir gehen davon aus, dass uns als Folge der virologischen Pandemie auch eine psychische Pandemie droht«, sagt Georg Psota, Chefarzt der Psychosozialen Dienste in Wien[270], wobei die psychische Pandemie Jahre dauern könnte. Betreuungsstellen versuchen sich auf die vermehrte Nachfrage einzurichten. In einem ersten Schritt wurde in Wien eine zentrale psychosoziale Telefon-Hotline geschaffen, die neben einem anonymen Beratungsangebot auch an weiterversorgende Einrichtungen vermittelt. Einige Menschen leiden besonders: »Für Suchtkranke ist dieser Stress, und dass sie ihr gewohntes Leben mit seiner Tagesstruktur aufgeben mussten, doppelt schwierig«, sagte der Leiter des Anton-Proksch-Instituts in Kalksburg Michael Musalek in einem Gespräch mit der »Wiener Zeitung«.[271] Dabei sei es unerheblich, ob die Suchtkranken legale oder illegale Substanzen konsumieren. Laut einer anonymen Online-Befragung des Zentralinstituts für seelische Gesundheit in Mannheim trank während des Lockdowns jeder dritte der Befragten mehr oder viel mehr Alkohol als sonst.[272] »Einerseits sind die Hemmnisse in der Isolation nicht so groß, zum Glas zu greifen. Andererseits ist bei Ängsten und Existenzbedrohungen Alkohol ein probates Mittel, um die Anspannung zu verlieren«, sagt Musalek. Nach einem Rückfall wieder ins Leben zu finden sei jedoch langwierig und schwierig und die Schwelle, Hilfe zu suchen, sei hoch.

Zahlen aus Oregon und Kalifornien bestätigen, dass der Cannabis-Konsum seit Beginn der Pandemie um bis zu 60 Prozent gestiegen ist[273], umgekehrt haben Maßnahmen wie Grenzschließungen und eingeschränkter Flugverkehr den Handel mit illegalen Drogen empfindlich gestört. Für Abhängige bedeutet das jedoch nicht unbedingt, dass sie dadurch von ihrer Sucht loskommen. Experten befürchten, dass etwa Heroinsüchtige vermehrt auf Schmerzmittel wie Fentanyl umsteigen. Da das Opioid 50-mal so stark wirkt wie Morphin, kommt es leicht zu tödlichen Überdosierungen, heißt es im Weltdrogenbericht der Vereinten Nationen.[274]

Alle Altersgruppen betroffen

Die Kollateralschäden ziehen sich durch alle Altersgruppen. Mit dem Lockdown, der ungewohnten räumlichen Nähe und dem damit verbundenen Stress hat auch die Gewalt in Familien zugenommen, die Leidtragenden sind Kinder und Frauen. Zwischen 15. März und 3. Mai mussten beispielsweise in Oberösterreich 64 misshandelte Kinder und Jugendliche einem Gewaltschutzzentrum zugewiesen werden; im selben Zeitraum 2019 waren es 26 gewesen. Die Anzahl der polizeilichen Einsätze ist im Vergleich zum Vorjahr um 30 Prozent gestiegen. Die Frauenhäuser sind voll.[275]

Die Besuchs- und Ausgehbeschränkungen bis hin zu regelrechten Kontaktverboten haben Menschen in Pensionisten- und Pflegeheimen besonders hart getroffen. Zwar war und ist es sinnvoll, die Risikogruppe der Betagten und Hochbetagten vor einer Ansteckung mit dem Virus zu schützen, doch zeitweise wurden die Schutzmaßnahmen in Heimen so weit getrieben, dass beispielsweise ein Bewohner nach einem Augenarztbesuch zwei Wochen in Quarantäne in seinem Zimmer verbringen musste, wie die Wiener Patientenanwältin Sigrid Pilz berichtete.[276] Dabei ist bekannt, dass soziale Isolation messbare Auswirkungen hat: Einsamkeit ruft im Gehirn ähnliche Signale hervor wie Hunger. Das bedeutet, dass soziale Nähe ein Grundbedürfnis wie Nahrungsaufnahme ist und ihr Fehlen im Körper eine Stressreaktion auslöst.[277] Einsame sterben früher, Demenzkranke sind ohne Zuwendung völlig hilflos. Altenpfleger wie die Südtirolerin Alexandra K. können die Spuren, die die soziale Isolation an ihren Heimbewohnern hinterlassen hat, bereits erkennen. Die eingeschränkte Mobilität hat sie physisch geschwächt, der fehlende Kontakt hat den kognitiven Verfall beschleunigt. »Viele haben in diesen Wochen merklich abgebaut«, sagt die Betreuerin.

Unerträglich wurde es, wenn Angehörige nicht zu ihren sterbenden Verwandten durften. Mancherorts, wie etwa in dem Südtiroler Heim, in dem Alexandra K. tätig ist, entschied man sich – auch auf Anraten der kommunalen Hausärzte – für ein Vorgehen, das aus ethischer Sicht vielleicht sogar als Akt des Widerstands zu werten ist. Das Personal ließ Kinder und Ehepartner zu denen vor, die im Sterben lagen. Ein völlig abgeschottetes Aus-dem-Leben-Scheiden: das fanden Alexandra K. und die anderen Betreuer einfach nicht zumutbar. Damit stellten sie sich gegen die offiziellen Vorgaben, die zugunsten des unmittelbaren Schutzes des Lebens und ungeachtet der Frage nach einem würdevollen Leben und Sterben aufgestellt worden waren.

Covid-19 als VIP

»Es wurde den Menschen zu viel Angst gemacht und keine offene Diskussion unter Experten zugelassen«, sagt der Intensivmediziner Rudolf Likar vom Klinikum Klagenfurt. Er hat die Situation der Krankenhäuser und der allgemeinen Gesundheitsversorgung während der Pandemiespitze in einem Buch analysiert. »Man hat hier grundsätzlich immer mit Bedrohungsszenarien gearbeitet, man hat nie positiv gesagt, wir packen es an, wir stehen es durch, wir schaffen es.«[278]

Regelbetrieb runter, Kapazitäten für die Behandlung von Covid-19-Patienten rauf, das war die Parole für die österreichischen Krankenhäuser spätestens seit dem 12. März, als vonseiten des Gesundheitsministeriums »dringend geraten« wurde, »die

Krankenanstaltenträger bzw. Krankenanstalten umgehend auf die zu erwartenden Entwicklungen in den nächsten Tagen vorzubereiten und ihnen Empfehlungen für das weitere Handeln zu geben«.[279] Zeitgleich wandte sich der deutsche Gesundheitsminister Jens Spahn an die Geschäftsführer deutscher Kliniken.[280] Die Kliniken sollten ihren Betrieb so rasch wie möglich auf das medizinisch Wesentliche und Vordringliche reduzieren und beschränken. Auch auf eine »möglichst schonende Inanspruchnahme des Personals« war zu achten. Abteilungen mussten bis zu 20 Prozent ihrer Betten für Covid-Patienten reservieren oder wurden geschlossen, der Ambulanzbetrieb reduziert, Teams aufgeteilt, Besuchsrechte eingeschränkt, Eingangsbereiche zu Entry-Checkpoints umfunktioniert. Patienten mussten auf unbestimmte Zeit vertröstet werden, wenn ihr geplanter Eingriff, ihre Behandlung, ihre Untersuchung nicht als medizinisch wesentlich und vordringlich eingestuft wurde. Wie in den Spitälern sollten auch in den Arztpraxen alle nicht zwingend notwendigen Patientenkontakte vermieden werden, hieß es in einer Empfehlung des Ärztekammerpräsidenten.[281]

Wie massiv »zur Rettung der Kapazitäten des Gesundheitswesens« große Teile des Medizinbetriebs selbst heruntergefahren wurden, zeigt die Antwort des deutschen Arbeitsministers auf eine parlamentarische Anfrage. In den Monaten März bis Mai haben bundesweit gut 1200 Krankenhäuser und knapp 48.300 Arzt- oder Zahnarztpraxen Kurzarbeit für insgesamt rund 410.000 Beschäftigte angemeldet.[282]

Auch in Österreich meldeten Privatkliniken und Arztpraxen Kurzarbeit an, die Zahlen dazu wurden bislang nicht veröffentlicht.

Natürlich sei es gut gewesen, auf die Situation in den Intensivstationen zu achten, sagt Intensivmediziner Likar, aber man habe »in die linke Waagschale alle Maßnahmen gegen die

Pandemie gelegt, aber nicht darauf geachtet, wie gleichzeitig die rechte Schale hinaufgeschnellt und ein massives Ungleichgewicht entstanden ist. Es kam zu einer schleichenden Sonderstellung der Krankheit, so als wäre Covid-19 ein VIP.«

»Es drehte sich schlagartig alles nur mehr um Corona«, sagt auch die Kärntner Patientenanwältin Angelika Schiwek.[283] Dabei ging es den Menschen, die sich bei Schiwek meldeten, gar nicht um eine befürchtete Infektion, als vielmehr darum, dass ihre Gesundheitsprobleme nicht mehr behandelt wurden. »Dieses abrupte Abbremsen, das war, als würde man mit dem Kopf gegen eine Scheibe fliegen.« So habe etwa ein Hausarzt eine Patientin mit auffälligen Nierenwerten zum Internisten überwiesen. Dort stellte schon die Assistentin fest, es sei Corona-Zeit und deshalb würden nur Akutpatienten behandelt, sie falle als chronische Nierenpatientin nicht darunter. Drei Wochen später musste die Frau mit Nierenversagen ins Spital. Ein Kind mit 40 Grad Fieber und Bauchschmerzen wurde dreimal vom Krankenhaus nach Hause geschickt. Schließlich landete es nach einem Blinddarmdurchbruch auf der Intensivstation.

Auch die Besuchsverbote im Krankenhaus wirkten sich nachteilig aus. »Gerade alte Menschen, vor allem, wenn sie demenzkrank sind, brauchen den Kontakt zu ihren Angehörigen«, sagt Schiwek.

Eines der größten Probleme aber war das Verschieben von Operationsterminen. Etwa für Hanna S. 2012 war bei der damals 49-Jährigen ein Tumor an der Bauchspeicheldrüse festgestellt worden. Die Geschwulst und deren Behandlung schlugen sich bei der einst kerngesunden Frau auf den Appetit. Durch die lange Zeit der Mangelernährung wurden Knochen, Gelenke und Bänder brüchig und rissig. Ende 2019 dann ein unachtsamer Schritt, ein Sturz, Bänderriss im Knie. Bei der Untersuchung stellte sich heraus, dass es mit einer Operation nicht getan sein würde. Hanna S. brauchte einen Gelenkersatz, der Eingriff wurde für den 26. März fixiert. Doch dann kam Corona, die Operation wurde auf November verschoben. »Jetzt sitze ich im Rollstuhl«, sagt Hanna S. In der Zeit des Lockdowns konnte sie das Haus überhaupt nicht verlassen, bei Versuchen, einen früheren OP-Termin zu bekommen, wurde sie vertröstet, die Heimhilfe kam auch nicht. Sie war völlig alleingelassen. Die Onkologin, bei der sie wegen ihrer Tumorerkrankung in Behandlung ist, rief sie zwar mehrmals an, um sich nach ihrem Gesundheitszustand zu erkundigen. Doch auch sie konnte keine frühere Operation erwirken.[284]

»Ich bin in ein großes Loch gefallen«, sagt Brigitte B. Seit 15 Jahren leidet sie unter chronischen Schmerzen, die Folge eines Autounfalls mit 18 Jahren, 20-mal wurde sie bereits an der Wirbelsäule operiert, ein 21. Mal wäre sie am 16. März dran gewesen. Drei Tage vorher bekam sie den Anruf vom Krankenhaus: OP verschoben. Dazu kam noch ein anderes Problem. Brigitte B. braucht kontinuierlich Schmerzmittel. Das Rezept dafür bekam sie zwar von ihrem Arzt geschickt. Doch in Lockdown-Zeiten verzögerte sich die Post, »vor Schmerzen wusste ich nicht, ob ich liegen oder stehen soll, es gab von keiner Seite Hilfe«, sagt sie. Über Umwege und einen Bekannten in der Administration des Krankenanstaltenträgers wurde der Termin für ihre Operation schließlich auf den 4. Juni fixiert.[285]

Manchmal suchten Menschen mit Beschwerden aber selbst gar keine Hilfe – aus Angst, sich anzustecken. Die Appelle der Gesundheitspolitiker und der Ärztekammer, bei vermuteten Covid-Symptomen nicht unangemeldet zum Arzt oder ins Krankenhaus zu gehen, erweckten in der Bevölkerung den Eindruck, sämtliche Gesundheitseinrichtungen seien verseucht. »Die Standesvertretung hätte nicht diskutieren sollen, wie dem Virus beizukommen ist, sondern dafür sorgen, dass die

Patientenversorgung aufrechterhalten bleibt«, sagt der Salzburger Internist Jochen Schuler. »Wir stehen in der Gesundheitsversorgung vor einem Scherbenhaufen, es wird Monate dauern, bis wieder alles funktioniert.«[286]

Die Opfer des Lockdowns

Erste Studien zeigen, welche körperlichen Schäden die Lockdown-Reaktionen auf das Virus bei denen anrichtete, die gar nicht damit infiziert waren. Schon bald fiel Kardiologen auf, dass die Anzahl der Patienten mit akuten Herzbeschwerden zurückging. Allein im März wurden um 40 Prozent weniger Herzinfarktpatienten in Österreichs Krankenhäusern aufgenommen.[287] Ähnliches wurde auch aus anderen Ländern berichtet. »Die Menschen hatten Angst, sich anzustecken«, sagt Jan Steffen Jürgensen, medizinischer Vorstand am Klinikum Stuttgart. »Deshalb haben sich viele jeden Gang zum Arzt genau überlegt.« Dazu kam aber noch etwas anderes: »Manche Patienten wollten unbedingt vermeiden, stationär aufgenommen zu werden. Sie hatten Angst, keinen Besuch bekommen zu dürfen.«[288] Für die Betroffenen bleibt das nicht ohne Konsequenzen. Gerade bei Herzproblemen zählt oft jede Sekunde, tagelanges Zögern ist ein tödlicher Fehler. Die italienische Gesellschaft für Kardiologie schätzt, dass sich die Sterblichkeit aufgrund von Herzinfarkten während des Corona-Notstands von 4,1 auf 13,7 Prozent verdreifacht hat.[289] Marcello Galvani, Chefarzt für Kardiologie im Krankenhaus Morgagni-Pierantoni von Forlì, zeigt sich von den Auswirkungen des Phänomens erschüttert. Bei jenen, die verspätet in seine Abteilung kamen, traten nun Komplikationen auf, wie er sie nur aus Lehrbüchern oder von Anekdoten älterer Kollegen kannte. Auch junge Menschen starben, 30- oder

40-jährige Familienväter, die noch mehrere Jahrzehnte hätten leben können, wenn sie frühzeitig einen Arzt aufgesucht hätten. »Es war schrecklich. Wir waren wie 20 Jahre zurückgeworfen«, sagt der Kardiologe.

Kinderärzte aus Italien wiesen in der Fachzeitschrift »The Lancet« darauf hin, dass es während des Lockdowns in Italien im März zu einem bis zu 88-prozentigen Rückgang der Frequenzen auf Kinder-Notfallstationen gekommen ist.[290] So wurden Kinder mit Typ-1-Diabetes mit schwerer Stoffwechselentgleisung, dem Beginn einer akuten Leukämie oder Krampfanfällen erst verspätet ins Krankenhaus gebracht, weil sich die Eltern vor einer Infektion mit dem Coronavirus fürchteten. Von den zwölf Kindern der beschriebenen Krankheitsfälle haben zwei nicht überlebt.

Das Problem der gesundheitlichen Kollateralschäden in konkrete Zahlen zu fassen wird Jahre dauern, Folgeschäden werden oft erst viel später sichtbar. Eine Annäherung ist durch die Sterbezahlen möglich, genauer gesagt durch die sogenannte Übersterblichkeit. Sie beschreibt, um wie viele Personen mehr in einem bestimmten Zeitraum gestorben sind als durchschnittlich im selben Zeitraum der vergangenen Jahre.

Die Daten des epidemiologischen Netzwerks European Mortality Monitoring Project zeigen zwischen Mitte März und Ende Mai 170.000 zusätzliche Todesfälle in Europa, mit einer Spitze in der ersten Aprilhälfte.[291] Die britische Zeitschrift »The Economist« hat diese Zahlen mit den Todesursachen-Statistiken der einzelnen Länder abgeglichen. Demnach können etwa in Italien derzeit nur 64 Prozent der zusätzlichen Todesfälle direkt Covid-19 zugerechnet werden, in Spanien sind es 66 Prozent, in Großbritannien 80 (siehe Abbildung S. 151). Diese Übersterblichkeit kann durch nicht erkannte Covid-19-Fälle entstanden sein. Eine viel wahrscheinlichere Erklärung dafür sind freilich

Mängel, die aufgrund der Lockdowns in der Krankenversorgung auftraten: Kontrolluntersuchungen wurden nicht durchgeführt, Operationen verschoben, schwerwiegende Erkrankungen zu spät erkannt, chronisch Kranke unzureichend versorgt. Solange nicht alle Totenscheine ausgewertet sind – und das dauert in manchen Ländern Jahre –, kann nicht mit Sicherheit gesagt werden, woran die Menschen gestorben sind.[292]

Todesfälle über dem Durchschnitt je 100.000 Einwohner*

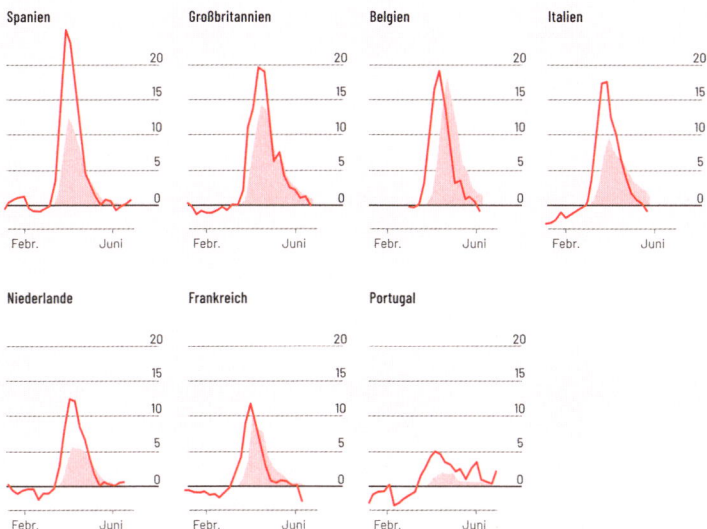

*dunkelrot: insgesamt; hellrot: davon Covid-19
Quelle: The Economist: Tracking covid-19 excess deaths across countries

Laut Statistik Austria lag die Übersterblichkeit in Österreich in den Monaten März und April bei 1 Prozent. Von den insgesamt 15.107 Verstorbenen in diesem Zeitraum war bei 588 Covid-19 die Todesursache, das sind 3,9 Prozent. Dramatisch ist allerdings: Fast um ein Drittel mehr Menschen als im Durchschnitt der Jahre davor sind in diesem Zeitraum an Demenz verstorben, 11 Prozent mehr an Nierenleiden.[293] Gerade demente alte Menschen, die besonders auf Zuwendung angewiesen sind, waren monatelang komplett isoliert. Das überlebten viele nicht. Etwa 580 starben in diesen zwei Monaten in erzwungener Einsamkeit, 150 mehr als üblich. Allein in Österreich.

Für andere häufige Todesursachen liegen die Zahlen in Österreich innerhalb der Schwankungsbreite, sagen die Statistiker.

Die größte Wirtschaftskrise

Vier Milliarden Euro, so viel wollte der österreichische Finanzminister am ersten Wochenende des Lockdowns den Unternehmen zur Verfügung stellen, um Arbeitsplätze zu sichern. Ein lächerlicher Betrag, wie sich herausstellte. Kaum eine Woche später musste die Summe schon verzehnfacht werden. Überall auf der Welt versuchen Regierungen, die Folgeschäden der Lockdowns mit Hilfsgeldern und Konjunkturpaketen abzufedern. Doch die Wirtschaftskrise, die durch das Herunterfahren des normalen Lebens und die Unterbrechung der weltweiten Lieferketten verursacht wurde, kann damit nicht ansatzweise gebremst werden. Der Internationale Währungsfonds sagte in seiner Prognose vom Juni eine historisch einmalige Krise voraus, die erwarteten Wirtschaftszahlen wurden im Lauf der Monate immer weiter nach unten korrigiert. Für 2020 wird für die Eurozone ein Rückgang der Wirtschaftsleistung um 10,2 Prozent prognostiziert, in Frankreich und Italien von mehr als 12 Prozent.[294]

Binnen weniger Wochen schnellten die Arbeitslosenzahlen überall in die Höhe, in Österreich von knapp 400.000 Ende Februar auf 571.000 im April, 1,2 Millionen Menschen befanden sich in Kurzarbeit. In Deutschland hat sich die Arbeitslosenzahl im ersten Halbjahr 2020 gegenüber dem Vorjahr um 637.000 erhöht, die Arbeitslosenquote liegt bei 6,3 Prozent.[295] In den USA verloren im März fast zehn Millionen Menschen ihren Arbeitsplatz. Doch auch nach den Lockerungen der Maßnahmen werden viele Branchen noch lange um Aufträge und Kunden kämpfen müssen. Bei den Klein- und Mittelbetrieben steht die große Pleitewelle erst bevor. Wenn die Stundungen von Steuern und Sozialversicherungsbeiträgen auslaufen und die letzten Reste von Eigenkapital der Unternehmen aufgebraucht sind, werden sich die wahren Folgen der erzwungenen Betriebsschließungen zeigen. »Die Arbeitslosenzahlen werden hoch bleiben«, bestätigte Christoph Badelt, Leiter des Österreichischen Instituts für Wirtschaftsforschung, Mitte Juli.[296] Prekär ist die Situation vor allem für Frauen, sie arbeiten in den am meisten betroffenen Branchen Einzelhandel, Hotellerie und Gastronomie. Und für Menschen mit wenig Ausbildung und Qualifikation.

So sieht es auch für junge Menschen auf dem Arbeitsmarkt derzeit düster aus. Es fehlen Lehrstellen und Praktikumsplätze, unerfahrene Berufsanfänger werden nicht eingestellt, wenn Arbeitsplätze eingespart werden müssen. Und diese Situation wird sich so bald nicht ändern. Vergangene Krisen haben gezeigt, dass Menschen, die während einer Rezession zu arbeiten beginnen, längere Zeit mit niedrigen Löhnen rechnen müssen. An beruflichen Aufstieg ist kaum zu denken. »Ökonomische Vernarbung« nennen Wirtschaftsexperten dieses Phänomen. Seit der Finanzkrise 2009 haben sich viele junge Menschen mit befristeten Verträgen über Wasser gehalten. Wie problematisch das ist, wird jetzt virulent – sie bekommen keine Verlängerung.[297]

Am schlimmsten trifft die Krise diejenigen, die ohnehin schon wenig haben. Kein Job heißt nicht nur, den Gürtel enger schnallen zu müssen, um mit staatlichen Unterstützungen auszukommen. Armut – und hier vor allem das Gefühl, sein Schicksal nicht beeinflussen zu können – macht krank. Während fast die Hälfte der Menschen mit niedrigem Einkommen mit chronischen Gesundheitsproblemen kämpfen, ist es von den wirtschaftlich Bessergestellten nur jeder dritte. Von Armut betroffene Menschen sterben um zehn Jahre früher als der Rest der Bevölkerung, bei Wohnungslosen sind es sogar 20 Jahre.[298] Diese Kollateralschäden des Lockdowns werden erst in etlichen Jahren zählbare Dimensionen annehmen, und werden wohl vielfach höher sein als die Zahl der durch Covid-19 Verstorbenen.

Auch Kinder und Jugendliche leiden. Allein bis Mitte Juli waren weltweit bis zu 70 Prozent aller Schulkinder und Studierenden von Schul- und Hochschulschließungen betroffen, das sind 1,7 Milliarden junge Menschen, heißt es in einem Report der UNESCO, der Organisation der Vereinten Nationen für Erziehung, Wissenschaft und Kultur.[299] Der fehlende Unterricht hat Auswirkungen auf die Bildungsfortschritte der jungen Generation und damit auf ihre späteren Chancen auf dem Arbeitsmarkt. Lehrer befürchten, dass längere Schulschließungen unmittelbar vor oder nach den Ferien manche Kinder in ihren Lernerfolgen um ein ganzes Jahr zurückwerfen. Besonders dramatisch sind die Folgen für die Kinder im Globalen Süden. In vielen Ländern Afrikas etwa bleiben die Schulen wohl das ganze Jahr geschlossen. Noch ein anderes Problem tut sich mit dem Ausfall des Unterrichts auf: Allein in den USA fielen dadurch Gratismahlzeiten für 20 Millionen Schüler weg, jede fünfte Mutter mit Kindern unter zwölf Jahren berichtet dort vom Hunger in ihrer Familie.[300] Auch in Deutschland leiden die 2,7 Millionen Kinder, die in Armut leben, besonders darunter, wenn sie kein Schulessen bekommen.[301] Dazu kommen die psychischen Folgen des Eingesperrtseins – in Frankreich und Spanien etwa war es Kindern über zwei Monate lang verboten, die Wohnung zu verlassen.

Am anderen Ende der Alterspyramide müssen die Menschen ebenso um ihr finanzielles Auskommen bangen. »Im Finanzkapitalismus sind in wichtigen Ländern wie Großbritannien und den USA die Pensionssysteme auf eine sogenannte Kapitaldeckung umgestellt worden«, sagt der Ökonom Stephan Schulmeister. Das bedeutet: Wenn die Aktienkurse fallen, werden die Pensionen geringer.[302]

Der Globale Süden leidet wieder

Das noch größere Drama spielt sich im Globalen Süden ab. Bis 2030 sollte es keinen Hunger mehr in der Welt geben. »Zero Hunger« ist eines der 17 Ziele für nachhaltige Entwicklung, die sich die Weltgemeinschaft 2015 gesetzt hat.[303] Anfang Juli 2020 veröffentlichten mehrere UNO-Organisationen einen gemeinsamen Bericht, in dem sie eingestehen mussten, dass die Welt von Ernährungssicherheit für jeden weit entfernt ist. »Die Corona-Pandemie funktioniert wie ein Brandbeschleuniger«, sagt Mathias Mogge, Generalsekretär der Welthungerhilfe, und spricht von drohenden Hungerkrisen biblischen Ausmaßes.[304]

Zwischen 1990 und 2019 ist die Zahl der extrem armen Menschen in der Welt – die mit weniger als 1,90 Euro pro Tag auskommen müssen – von einem Drittel der Weltbevölkerung auf 8 Prozent gesunken. Jetzt steigt dieser Anteil wieder, und zwar rapide. Ein Lockdown in einem armen Land wirkt sich noch gravierender aus als im reicheren Westen und Norden, dazu kommen die Folgen der Grenzschließungen. Straßenverkäufer oder Rikschafahrer können nicht ins Homeoffice, Unterstützungszahlungen für Arbeitslose gibt es ebenso wenig wie Erspartes. Wer essen will, muss raus. Als Indien Ende März den Lockdown verkündete, standen mit einem Schlag 140 Millionen

Menschen in den großen Städten vor dem Nichts. In ihrer Verzweiflung versuchten sie, zu ihren Familien aufs Land zu kommen, um Unterschlupf zu finden, teilweise zu Fuß, weil auch die Züge nicht mehr fuhren. Aber auch von ihren Verwandten können sie nicht wochenlang durchgefüttert werden.[305]

Staaten wie der Jemen, Afghanistan, Burkina Faso oder der Südsudan sind auf Lebensmittellieferungen der Welthungerhilfe angewiesen, um zu überleben. Doch wenn die Pandemiebekämpfung Vorrang hat, bleiben Spenden an die Hilfsorganisation aus, Lebensmitteltransporte stecken an gesperrten Grenzen fest. In Bangladesch beispielsweise hatte schon vor Corona ein Viertel der Bevölkerung nicht genug zu essen. Sind Grenzen geschlossen und bestehen Ausgangsverbote, können Tagelöhner nichts mehr verdienen, und das Gemüse auf den Feldern verfault. Arbeitsmigranten können kein Geld mehr nach Hause schicken, weil sie selbst beschäftigungslos sind. Weitere 20 Millionen Hungernde könnten die Folge sein.

»Wenn ich zu Mittag esse, muss ich aufs Abendessen verzichten«, sagt Nathan Tumuhimbise, ein Blumenpflücker in Uganda, der seine Arbeit verloren hat. Er weiß nicht, wo er das Schulgeld für seine Tochter hernehmen soll. In der aussichtslosen Lage rief er seinen Vater an und bat ihn, ein paar Ziegen zu verkaufen. Aber Besitz verkaufen kann man nur einmal.[306]

Jetzt zeigt sich, wie abhängig manche Länder vom reichen Teil der Welt gemacht wurden. Autark leben können etwa Uganda oder Kenia nicht. Sie sind auf den Import von Lebensmitteln angewiesen. Ihr Einkommen beziehen sie hauptsächlich aus wenigen Exportprodukten. Verantwortlich dafür ist die Politik der Weltbank und des IWF in den 1980er- und 1990er-Jahren. Damals stellte man sich die Welt als riesigen Supermarkt vor, in dem jedes Land sich auf eine Handvoll Produkte spezialisierte[307]: perfekte Arbeitsteilung auf globaler Ebene. Entwicklungsstaaten wurden Kredite zu günstigen Konditionen gewährt, aber nur dann, wenn sie ihre Volkswirtschaften im Sinne des großen, internationalen Supermarktes öffneten und nur mehr bestimmte Waren herstellten. Nun produzieren Staaten wie Uganda oder Kenia vor allem Schnittblumen, Tee und Kaffeebohnen – Dinge, von denen man nicht satt wird und die keiner mehr kauft, wenn die Cafés, Restaurants und Blumenläden im Rest der Welt geschlossen sind. In einer Pandemie erweist sich die Strategie der globalen Arbeitsteilung als katastrophal.

Zusätzlich erschwert wird die Lage durch weltweite Hamsterkäufe. Die Preise für Reis, Trinkwasser, Öl stiegen dadurch erheblich an und sind für viele nicht mehr leistbar. In Kenia begannen die Menschen deshalb im Mai Schulden zu machen, nur um Grundnahrungsmittel kaufen zu können.

Duncan Kimani, Leiter der Hilfsorganisation »Oasis of Endless Hope«, will in der aktuellen Krise auch eine Chance für sein Land erkennen. Weil jetzt viele Produkte, die Kenia hauptsächlich aus China importiert, wegen der schwierigen Transportbedingungen wesentlich teurer auf den Markt kommen, versuchen die Händler, auf lokale Produkte umzustellen. Damit könnte Kenias Wirtschaft auf lange Sicht autonomer vom Weltmarkt und industrialisierter werden. »Ein Schritt, der schon lange notwendig war«, sagt Kimani. »Ich wünschte nur, er könnte unter anderen Bedingungen stattfinden.«

Viren als Medikament

Viren regulieren das Leben auf vielfältie Art. Für praktisch jedes Bakterium gibt es spezielle Viren – Phagen genannt –, die ihr Wachstum bremsen. Das wird zur größten Chance gegen die rasch wachsende Resistenz vieler Bakterien gegen Antibiotika.

Félix Hubert d'Hérelle war ein Abenteurer. Schon mit 16 Jahren fuhr er mit dem Fahrrad durch Frankreich und Spanien, sobald er mit dem Lycée fertig war, zog es ihn nach Südamerika und in die Türkei. Als Sohn wohlhabender Eltern war er frei von Geldsorgen. Mit 24, unehrenhaft aus dem Militär ausgeschieden, siedelte d'Hérelle mit Frau und Kind von Paris nach Kanada, wo er, der lediglich ein paar Sommerkurse in Bakteriologie besucht hatte, ein Labor einrichtete. »Ich begann zu experimentieren«, schrieb er später in seinen Memoiren, »denn damals gab es nur zwei Frankokanadier, die sich für Mikroben interessierten, Dr. Bernier und mich.«[308]

Louis Pasteur war sein Vorbild, Mikroben zu jagen schien ihm »das letzte Abenteuer in einer standardisierten Welt«. Und 1917 sollte er, zurückgekehrt nach Paris, tatsächlich selbst eine weitreichende Entdeckung machen, die allerdings weniger mit Bakterien als vielmehr mit Viren zu tun hatte: Während der Untersuchungen an ruhrkranken Personen fiel ihm auf, dass sich in den Petrischalen mit gezüchteten Erregern kahle Stellen ausbreiteten. Offenbar gab es etwas, das die gefährlichen Keime regelrecht vertilgte. Der Engländer Frederick Twort hatte zwei Jahre zuvor Ähnliches bei Staphylokokken-Kulturen bemerkt, die Sache jedoch nicht weiterverfolgt. D'Hérelle veröffentlichte seine Beobachtung und gab dem geheimnisvollen Stoff den Namen »Bakteriophage«. Später isolierte er solche Bakterienfresser aus Hühnerkot und behandelte damit erfolgreich typhuskrankes Federvieh. Seine Entdeckung, dass Bakteriophagen gegen bakterielle Erkrankungen eingesetzt werden können, bestätigte sich auch an Ruhr-Patienten, die er mit einer Phagenlösung heilte. Er reiste nach Mexiko, Indien und in verschiedene afrikanische Staaten, wo vor allem die Cholera wütete, und behandelte die Kranken mit einer Mixtur aus Phagen, die er genau auf die Infektion abstimmte. Im Selbstversuch bewies er, dass Phagen nur Bakterien angreifen, für höhere Lebewesen aber harmlos sind.[309] Fünfmal wurde der Frankokanadier wegen seiner Phagen-Forschungen für den Nobelpreis vorgeschlagen, bekommen hat er ihn nicht.

Wählerische Phagen

Ursprünglich meinte d'Hérelle, es handle sich bei den Bakterienfressern um Kleinlebewesen. Aber Phagen sind Viren, die sich auf Bakterien stürzen und sie zu Phagenfabriken machen. Im eigentlichen Sinn fressen Phagen Bakterien also nicht, aber das konnte d'Hérelle noch nicht wissen. Wie auch immer: Phagen sind wählerisch, bestimmte Typen attackieren ausschließlich bestimmte Bakterien. Sie sind Umwelteinflüssen gegenüber recht unempfindlich, und es gibt reichlich davon: bis zu 100 Millionen pro Milliliter Seewasser. Und wir essen sie täglich. Ein kleines Schnitzerl kann bis zu einer Milliarde Phagen enthalten.[310] Wissenschaftlicher ausgedrückt: Bakteriophagen sind die am häufigsten vorkommenden biologischen Einheiten auf der Welt.

Diese Viren dazu einzusetzen, um bestimmte Bakterien auszuschalten, war der nächste Gedankenschritt. Damit könnten Infektionskrankheiten nachhaltig bekämpft werden. Der von Félix d'Hérelle entwickelte therapeutische Einsatz von Phagen war zwar von Anfang an umstritten, trotzdem versuchten sich mehrere Pharmaunternehmen in der Herstellung von Präparaten zur Bakterienbekämpfung. Doch nachdem Alexander Fleming in einem Pilz ein anderes Mittel entdeckte, Bakterien abzutöten, und mithilfe von Penizillin im Zweiten Weltkrieg unzähligen verwundeten Soldaten das Leben gerettet werden konnte, gerieten die Viren als Wirkstoffe überhaupt in Vergessenheit. Denn Penizillin war patentierbar und industriell herstellbar, Phagen sind das nicht.

Aber diese Industrie-Logik herrschte nicht überall. D'Hérelle hatte in den 1920er-Jahren gemeinsam mit dem sowjetischen Bakteriologen Georgi Eliava ein Institut im georgischen Tiflis gegründet, das noch heute existiert und wo die Entwicklung der Phagentherapie vorangetrieben wurde und bis heute perfektioniert wird. Antibiotika waren dort unerschwinglich, also konzentrierte man sich auf eine andere Methode, Infektionen zu bekämpfen. 1939, im Russisch-Finnischen Krieg, wurden Soldaten mit Phagen von Milzbrand geheilt, einer Krankheit, die oft tödlich ausgeht – die Phagenlösung wurde ihnen auf die Wunden geträufelt. Während des Zweiten Weltkriegs bekamen die russischen Soldaten in und um Stalingrad vorsorglich einen Phagenmix, um eine weitere Ausbreitung der Cholera zu verhindern, mit der einige Kompanien bereits infiziert waren. Schon nach wenigen Tagen gab es keine neuen Fälle mehr. Diese Methode wurde in der Roten Armee öfter angewandt, um Typhus- oder anderen infektiösen Durchfallerkrankungen vorzubeugen. Die Phagentherapie war sozusagen Stalins Antwort auf das westliche Penizillin.[311]

Im Fokus der Mediziner

In Georgien, Russland und auch in Polen bekommt man heute in so gut wie jeder Apotheke rezeptfrei Phagen. In Tiflis haben die Nachfolger von d'Hérelles Kompagnon Georgi Eliava neben dem Institut für Bakteriophagen, Mikrobiologie und Virologie mit mittlerweile acht Forschungsabteilungen 2011 auch eine Klinik eröffnet. Dort werden nicht nur georgische Patienten behandelt, sondern immer mehr Medizintouristen aus westlichen Ländern. Die Therapie ist Presseberichten zufolge auch nicht billig – von 4000 Euro pro Einheit ist die Rede.[312] Die Sache hat allerdings einen Haken: Anhand wissenschaftlicher Studien hinreichend nachgewiesen ist die Wirksamkeit und Verträglichkeit der Behandlung mit den Bakterienfressern noch nicht, bisher gibt es nur das, was die Mediziner als anekdotische Berichte bezeichnen. Selbst wenn solche Einzelfallergebnisse erstaunlich bis beeindruckend sind, ist das für einen Vertrieb in Europa oder den USA nicht genug. Jedes zugelassene Arzneimittel muss die verschiedensten Studien durchlaufen – im Labor an Gewebeproben, an Tieren und schlussendlich in der Klinik an Patienten –, ehe es eine Vertriebsgenehmigung bekommt. Eine solche Zulassung steht in Europa und den USA noch aus.[313]

Es ist jedoch nicht so, dass Bakerienviren nicht auch im Westen umfassend erforscht worden wären. Der deutschamerikanische Physiker Max Delbrück, der sich wie viele seiner Zunft Mitte der 1930er-Jahre der Biologie zuwandte, konnte unter anderem messen, wie aus einer einzelnen Phage in einer Bakterienzelle bereits innerhalb von 20 Minuten ein Wurf von 60 identen Phagenkopien wird.[314] Für seine Arbeiten bekam er, gemeinsam mit zwei Kollegen, 1969 den Nobelpreis für Medizin, was das Nobelpreiskomitee unter anderem damit begründete, dass die Arbeit der drei »seit 1940 großen Einfluss auf die Biologie im Allgemeinen gehabt« habe. Doch die Therapie mit den Bakterienfressern gerät erst in den letzten Jahren in den Fokus der westlichen Mediziner und Forscher.

Therapie gegen Antibiotika-Resistenzen

So fanden etwa der Mikrobiologe Jeremy Barr und sein Team von der San Diego State University heraus, dass besonders viele Phagen in der Schleimhaut mehrzelliger Lebewesen sitzen – auch in der von Menschen.[315] Was sie dort tun? Sie helfen dem Immunsystem dabei, Bakterien, die für den Organismus schädlich werden können, zu vertilgen. Genauer untersuchte Barrs Team diesen Effekt am Beispiel desjenigen Phagen, der auf Escherichia coli spezialisiert ist, einen der häufigsten menschlichen Darmbakterien. Der Keim ist an und für sich harmlos, einige Stämme davon können jedoch böse Durchfälle verursachen. In ihrem Versuch überschichteten die Forscher menschliche Schleimhautzellen mit einer Phagenlösung und infizierten sie anschließend mit Coli-Bakterien. Tatsächlich überlebten bedeutend weniger Bakterien auf den vorbehandelten Zellen als auf unbehandelten. Und: Auch die Schleimhautzellen überstanden die Bakterieninfektion schadloser.

Nicht erst seit Barrs Versuch im Jahr 2013 sind etliche Forschergruppen auf der ganzen Welt dem Treiben der Bakterienfresser in den Schleimhäuten auf der Spur und ergründen, inwieweit sie sich in der Therapie einsetzen lassen. Die Datenbank wissenschaftlicher Veröffentlichungen »PubMed« zählt an die 4000 Einträge zum Stichwort »phage therapy«, und das Wissen um die Wirkmechanismen wächst. Das ist nicht nur dem Druck wissenschaftlicher Neugier zuzuschreiben, sondern auch einem veritablen Gesundheitsproblem. Seit der ersten Anwendung von

Penizillin haben sich viele Bakterien verändert. Antibiotika, als Superwaffe gegen die Keime allzu oft und mitunter leichtfertig bei Menschen und Tieren eingesetzt, werden nach und nach wirkungslos. Besonders schwierig ist die Situation in Krankenhäusern, wo die gegen mehere Antibiotika unempfindlich gewordenen Erreger mit frisch operierten Patienten leichtes Spiel haben. Die Weltgesundheitsorganisation hat bereits vor einer »post-antibiotischen Ära« gewarnt, in der Menschen wie vor 100 Jahren an banalen Infektionen sterben. Schon jetzt sind die Folgen einer Ansteckung mit einem multiresistenten Erreger allein in Deutschland Jahr für Jahr für bis zu 30.000 Menschen tödlich.[316]

Für Patienten, die ein künstliches Knie- oder Hüftgelenk eingesetzt bekommen haben, kann das Bakterium Staphylococcus aureus, das überall vorkommt, auch auf der menschlichen Haut und in den Schleimhäuten, gefährlich werden. Überwuchert es die neu implantierte Prothese, ist ihm mit herkömmlichen Mitteln kaum beizukommen, denn ein hoher Anteil von Staphylokokken ist bereits gegen mehrere Antibiotika resistent. Der belgische König Albert II. musste deshalb mehrmals operiert werden, möglicherweise ein Grund dafür, warum er kurz darauf abdankte. Ein 2017 gegründetes Wiener Unternehmen will jetzt klinische Studien mit einem gegen Staphylokokken wirksamen Phagenmix vorantreiben und eine Zulassung als Medizinprodukt erwirken.[317]

Neue Chance gegen resistente Keime

»Phagen findet man auf dem ganzen Globus, sie sind die häufigsten Daseinsformen und auch viel häufiger als Bakterien. Sie finden sich überall, wo es feucht und wässrig ist, also in Flüssen, Ozeanen und Teichen. Aber zum Beispiel auch in unserem eigenen Mikrobiom«, sagt die Braunschweiger Phagen-Spezialistin Christine Rohde. Der Darm ist voller Phagen und die sind dort zahlreicher als Bakterien. Auch auf der Haut und in der Nasenschleimhaut sitzen Bakteriophagen.

Die Forschung für Therapiezwecke geht nun voran: »Wir arbeiten seit etwa zehn Jahren an der Anwendung von Phagen für die Humanmedizin. Und in letzter Zeit ist diese Arbeit deutlich intensiviert worden«, sagt Rohde.[318]

Am Fraunhofer-Institut für Toxikologie und Experimentelle Medizin ITEM in Braunschweig und an der Berliner Charité sind Rohde und ihr Team derzeit dabei, einen inhalierbaren Wirkstoffcocktail aus drei Bakteriophagen zu testen. Eingesetzt werden soll er gegen das Bakterium Pseudomonas aeriguinosa, einen Erreger, der Lungenentzündungen, Harnwegsinfekte und Blutvergiftungen verursachen kann und gegen mehrere Antibiotika unempfindlich ist.[319] In einem anderen Projekt wird die Anwendung von individuell auf den jeweiligen Patienten abgestimmten Mixturen mit Bakteriophagen erprobt. Dabei geht es um schlecht heilende Wunden an Beinen und Füßen, die vor allem für Menschen mit Diabetes problematisch bis lebensgefährlich werden können.[320] Gewonnen wurden die dazu eingesetzten Phagen in einer ersten Phase des Projekts vor allem aus Krankenhausabwässern. Die in einer Phagenbank gesammelten Viren werden dann biotechnologisch gereinigt und der Apotheke zur Verfügung gestellt. Die ersten 50 Patienten sollen ab Herbst 2020 mit der Phagentherapie behandelt werden.[321]

Etablierte Pharmafirmen forschen ebenfalls an der Behandlung mit den Bakterienfressern. Doch einfach ist die Sache nicht. 2015 begannen die klinischen Studien an elf Spezialkliniken für Brandverletzte in Frankreich und Belgien im Rahmen eines von der EU geförderten Gemeinschaftsprojekts mit Schweizer Beteiligung, in das große Hoffnungen gesetzt wurden. Getestet wurde die Wirksamkeit von Cocktails aus zwölf bis 13 verschiedenen Phagen gegen die Wundbakterien Pseudomonas aeruginosa, die bei Verbrennungsopfern eine Blutvergiftung herbeiführen können. Die Studie musste Anfang 2017 abgebrochen werden, da die Wirkung des Phagenmixes im Vergleich zur herkömmlichen Behandlung zu gering war, zu viele Bakterien hatten überlebt.[322]

Wie d'Hérelle vor fast hundert Jahren schon festgestellt hat, wirken Phagen am besten direkt, beispielsweise auf Wunden. Schluckt man sie, erreichen sie den Ort der Infektion oft nicht in ausreichender Menge, da sie im Magen zerstört werden. Überdies sind Phagen – so winzig sie auch sein mögen – im Verhältnis zu Antibiotikamolekülen riesig. Das weiß auch die Wiener Mikrobiologin Ursula Theuretzbacher, die sich seit 30 Jahren mit der Entwicklung antimikrobieller Wirkstoffe befasst. »Letztlich hängt der Erfolg einer Phagentherapie von der optimalen Dosierung, dem richtigen Timing und einer geeigneten Applikation der Bakteriophagen ab«, sagte sie im Gespräch mit dem »Deutschen Ärzteblatt«.[323]

Allheilmittel sind Phagen im Kampf gegen krankmachende Bakterien nicht. Die besten Erfolge zeigen Studien, in denen sie gemeinsam mit Antibiotika eingesetzt werden. Dazu kommt, dass Bakterien auch gegen Phagen immun werden können, das hat bereits Max Delbrück gezeigt. »Die Bakterien können ihre Oberflächenrezeptoren verändern und lassen dann den Phagen nicht mehr hinein«, sagt die deutsche Virologin Karin Mölling, für die trotzdem vieles für die Verwendung von Phagen spricht. Sie sieht darin ein sich selbst regulierendes Reinigungssystem, das auch von selbst zu einem natürlichen Ende kommt: »Wenn alle Bakterien umgebracht sind, gehen die Phagen auch ein.«[324]

Wie das Immunsystem auf die Behandlung mit Phagen reagiert, ist ebenfalls noch Gegenstand von Prüfungen. Der polnische Immunologe Andrzej Górski vom Ludwik-Hirszfeld-Institut in Wrocław konnte zeigen, dass gegen die Viren zwar Antikörper gebildet werden. Doch sie scheinen die Therapie nicht zu beeinflussen.[325]

Vor allem ein Fakt bremst den Elan der Pharmaindustrie: Viren sind Naturprodukte, ein Patent ist nur für den Herstellungsprozess eines bestimmten Phagencocktails möglich, das vermindert die Gewinnchancen. Und bisher gibt es im juristischen Regelwerk der Zulassungsbehörden keine Kategorie, in die sich die Behandlung mit Phagen einordnen ließe.[326]

Keine Nebenwirkungen, und doch nicht ungefährlich

Phagentherapien haben bisher keine Nebenwirkungen gezeigt. Die Phagen müssen aber gut gewählt sein. Ein Beispiel dafür, dass Phagen nicht nur harmlos sind: EHEC, die Infektion mit bestimmten Stämmen der Bakterienart Escherichia coli, deren Giftstoffe Übelkeit, Bauchschmerzen und Durchfälle verursachen. Im Frühling 2011 kam es in Norddeutschland zu einer regelrechten Epidemie durch einen bis dahin unbekannten EHEC-Stamm, es war einer der größten Lebensmittelskandale in Deutschland und der bis dahin umfangreichste beschriebene derartige Ausbruch. 4000 Krankheitsfälle wurden gezählt, 53 Fälle endeten tödlich.

Es dauerte ein Weilchen, bis die Ursache gefunden war. Zuerst wurde auf Gurken getippt, doch schließlich wurden aus Ägypten importierte Bockshornkleesamen, die zur Sprossenproduktion verwendet wurden, als Übeltäter ausfindig gemacht.[327] Sprossen werden in dunklen, feuchten Kammern gezogen. Da gedeihen allerdings nicht nur sie gut, sondern auch Bakterien. Und was haben Phagen damit zu tun? Es waren diese Viren, die in die Bakterien das Gen zur Giftproduktion eingeschleppt hatten. Zu Therapiezwecken dürfen also nur solche Phagen verwendet werden, die Bakterien auflösen und zerstören.

Dass Phagen Gene übertragen können, kann auch noch in anderer Hinsicht negative Folgen haben. Eine Forschungsgruppe der Wiener Veterinärmedizinischen Universität nahm Proben aus 50 Hühnerfleischteilen, die im österreichischen Lebensmittelhandel verkauft worden waren, genauer unter die Lupe. In 49 der Proben konnten Phagen nachgewiesen werden, nichts Ungewöhnliches, da Phagen überall dort vorkommen, wo es auch Bakterien gibt. Die Analyse zeigte jedoch, dass ein Viertel der Phagen in der Lage war, Antibiotika-Resistenzen auf Coli-Bakterien zu übertragen. »Dieser Mechanismus könnte auch für die Humanmedizin in Krankenhäusern eine wichtige Rolle spielen, da sich dort häufig multiresistente Keime befinden«, sagt die Studienautorin Friederike Hilbert vom Institut für Fleischhygiene an der Vetmed. »Wir gehen davon aus, dass Phagen die Resistenzgene von bereits resistenten Bakterien in sich aufnehmen und dann wiederum auf andere Bakterien übertragen.«[328]

Virenreiches Essen kann gesund sein

Immer wieder müssen Fleischwaren oder Milchprodukte zurückgerufen werden, in denen die Lebensmittelbehörden Listerien finden, Keime, die vor allem Schwangere und Menschen mit geschwächter Immunabwehr gefährlich werden können. Listerien sind Überlebenskünstler, ihnen machen auch Kühlschranktemperaturen nichts aus, sie finden sich im Tierkot, und von dort können sie in die Lebensmittel gelangen. Werdende Mütter oder Immungeschwächte sollten deshalb auf Rohmilchkäse und Beef Tatar verzichten. Die US-amerikanische Arzneimittelbehörde FDA hat daher bereits vor 15 Jahren einen Mix aus sechs verschiedenen Bakteriophagen zugelassen, der unmittelbar vor der Verpackung auf Fertiggerichte mit Fleisch und Geflügel gesprüht wird. Auch Phagen-Präparate gegen Salmonellen und Coli-Bakterien sind in den USA auf dem Markt.[329] In Südkorea werden Phagen zur Haltbarmachung von Milch verwendet.

Ein Antrag zur Genehmigung eines Phagen-Präparats zur Bekämpfung von Listerien in Lebensmitteln und Produktionsanlagen liegt der EU-Kommission vor, entschieden wurde darüber noch nicht.[330]

Corona: Ein Porträt

Das neue Coronavirus ist wahrscheinlich schon viel früher von Fledermäusen auf den Menschen übergegangen. Es ist für die meisten harmlos, verursacht aber in seltenen Fällen vielfältige Schädigungen und Tod. Wie es aussieht, wird es allmählich weniger gefährlich.

»Sie sind wie Grippeviren, aber doch irgendwie anders«, sagte June Almeida, als sie das erste Mal Coronaviren sah. Die junge britische Wissenschaftlerin hatte sich auf das Arbeiten mit Immunelektronenmikroskopen spezialisiert, Vergrößerungsinstrumenten, die Viren besonders deutlich sichtbar machen. Im November 1968 verfasste sie mit einigen Kollegen einen lapidaren Bericht für »Nature«, in dem sie die Entdeckung neuer Viren kundtat und ihr Aussehen beschrieb: »Sie erinnern an die Sonnenkorona.«[331]

Was wurde seither über Coronaviren herausgefunden? Ihre Familiengeschichte ist lang, doch einen Stammbaum zu erstellen ist gar nicht so einfach. Dutzende Stämme gibt es, die ältesten haben 300 Millionen Jahre überdauert. Vier Erkältungs-Coronaviren (CoV ist ihre wissenschaftliche Abkürzung) machen uns jeden Winter zu schaffen. Sie verursachen Atemwegserkrankungen, manchmal harmlosen Schnupfen, manchmal machen sie so krank wie die Grippeviren. »Kein Mensch kann ohne Labordiagnostik unterscheiden, ob ein Patient wegen Influenza beatmet werden muss oder wegen eines Coronavirus«, sagt Franz Allerberger von der AGES.[332] Diese vier Coronaviren sind in der kalten Jahreszeit für bis zu 15 Prozent der grippalen Infekte verantwortlich. »Und sie haben eine jahreszeitliche Verteilung wie die Influenza, nur erstaunlicherweise weniger ausgeprägt.« Auch im Frühjahr und Sommer, wenn Influenzaviren ruhen, gibt es einige Infektionen.

2011 haben Infektiologen im Auftrag des deutschen Robert-Koch-Instituts die Krankheitskeime aufgelistet, von denen die größte Seuchengefahr ausgehen könnte: Coronaviren waren nicht dabei, obwohl neun Jahre zuvor ein Infektionsausbruch die Welt in Angst und Schrecken versetzt hatte.[333] Erreger war das Coronavirus SARS 1, benannt nach der Krankheit, die es verursachte: schweres akutes Atemwegssyndrom.

Das SARS-CoV-1 des Jahres 2002 und das 2012 erstmals identifizierte MERS (»Middle East Respiratory Syndrome«)-Coronavirus infizieren hauptsächlich die Lunge. Das macht sie weniger leicht übertragbar, weil die Partikel nicht so einfach wieder aus dem Körper herauskönnen, aber die Krankheitsverläufe sind dramatischer. Bei MERS gibt es bislang keine Hinweise auf eine anhaltende, unkontrollierte Mensch-zu-Mensch-Übertragung. Diese Viren sind einfach verschwunden, niemand weiß, wohin oder wieso.[334]

Wo SARS-CoV-2 herkommt

SARS-CoV-1 und -CoV-2 sind Cousins, ihr Erbgut ist zu 80 Prozent identisch.[335] Aber ist das nicht wenig? Menschen und Schimpansen teilen 98 Prozent des Genoms. »Für ein Virus, speziell für ein RNA-Virus, bedeutet das eine enge Verwandtschaft«, sagt Marilyn J. Roossinck, Umweltmikrobiologin der Pennsylvania State University.[336] »Denn Viren mutieren sehr schnell. Sie machen viele Fehler, wenn sie ihr Erbgut kopieren, und das tun sie binnen weniger Stunden tausendmal.« Außerdem benutzen die beiden Viren dieselben Proteine bzw. Rezeptoren der Zelloberfläche, um in die Zelle des Wirts einzudringen.

Fledermäuse gehören zu den bevorzugten Corona-Wirten, ihnen machen diese Mikroorganismen nichts aus. Die Besonderheit von Coronaviren besteht darin, Erbgutstücke mit anderen Mitgliedern ihrer Familie auszutauschen (»Rekombination« nennen das die Biologen). Das bleibt meist folgenlos, aber manchmal gelingt es den neu zusammengesetzten Virenpartikeln auf diese Weise, auf andere Wirtszellen überzuspringen.[337] 61 der Fledermaus-Coronaviren können auch Menschen befallen, meinen die Forscher. Allerdings benutzen die Viren auf dem Weg von der Fledermaus zum Menschen oft einen Zwischenwirt.

Die Virenquelle zu identifizieren ist wichtig, um zukünftige Ausbrüche eher zu verhindern. Im Fall von SARS-CoV-2 halten manche Forscher ein Schuppentier als Zwischenwirt für wahrscheinlich, und zwar das Malaiische Pangolin, das in Südostasien vorwiegend in tropischen Regenwäldern vorkommt, oft geschmuggelt wird und in China eine Delikatesse darstellt; die Schuppen dieses Pangolins werden in der Traditionellen Chinesischen Medizin verwendet. Manche Proteine des Schuppentier-Coronavirus sind bis zu 100 Prozent ident mit jenen von SARS-CoV-2. Doch hinreichend bewiesen ist diese These nicht.[338] Forscher der University of Oxford wiederum vermuten, dass das Virus schon viel früher, eventuell sogar vor etlichen Jahren, in Laos oder Vietnam von Fledermäusen auf den Menschen übergegangen ist. Ein Indiz dafür könnte sein, dass es in Vietnam schon eine gewisse Immunität geben könnte – von den 100 Millionen Einwohnern sind bslang nur 300 infiziert.[339] In dieselbe Richtung deuten auch Ergebnisse einer Untersuchung der indischen Regierung in der 20-Millionen-Metropole Neu-Delhi an 21.000 Menschen: 23,48 Prozent der Getesteten hatten

Antikörper des neuen Coronavirus im Blut. Doch nur 1 Prozent der Bevölkerung war seit Beginn der Pandemie positiv getestet worden. Eine mögliche Erklärung: Das Virus muss schon früher massiv verbreitet gewesen sein, ohne dass dies jemandem speziell aufgefallen ist, weil es kein Wissen darüber und keine Tests dazu gab.[340]

Es zirkulieren auch allerlei Vermutungen über die Herkunft des neuen Erregers. Dass er als Biowaffe eigens gezüchtet wurde, ist so gut wie ausgeschlossen. Wissenschaftler aus dem Scripps Research Institute in Kalifornien haben das Virus mit seinen Vorgängern SARS und MERS sowie den vier Erkältungs-Coronaviren verglichen, mit denen es viele Gemeinsamkeiten hat. Unterschiedlich ist jedoch etwa die Protein-Einheit, mit der das Virus die Zellmembran seiner Wirtszellen aufknackt. Es wird dadurch infektiöser. Allerdings, betonen die Forscher in ihrer in »Nature Medicine« veröffentlichten Arbeit, werde die Bindestelle damit noch nicht so ideal, wie es bei einer viralen Biowaffe sein müsste. Der Immunologe Kristian Andersen und sein Team glauben daher nicht an ein im Labor designtes Virus.[341]

Viel Aufmerksamkeit erhielt auch die Virologin Shi Zhengli. Schon lange, bevor Coronaviren außerhalb eines engen Zirkels von Experten bekannt waren, wurde sie die »Fledermausfrau« genannt. Denn die Wissenschaftlerin vom Wuhaner Virologie-Institut jagt seit 2004 Viren in Fledermaushöhlen nach und hat die weltgrößte Datenbank dieser Mikroben aufgebaut. Im November 2015 beschrieb sie gemeinsam mit Kollegen von der University of North Carolina und der Harvard Medical School in »Nature« Fledermaus-Viren, die mit dem SARS-Coronavirus aus dem Jahr 2002 verwandt sind und das Zeug zu einer Epidemie hätten. Dabei handelte es sich einerseits um direkt aus Fledermäusen gewonnene Viren, andererseits um sogenannte chimäre Viren, zusammengebaut aus unterschiedlichem Genmaterial.[342] Weitreichende Beachtung fand der Beitrag allerdings erst fast fünf Jahre später. Denn Anfang 2020 tauchte sofort der Verdacht auf, SARS-CoV-2, das Virus, das sich rasend schnell in der Welt verbreitete, sei aus Shi Zhenglis Institut entwischt. Donald Trump, der dieses Gerücht nur allzu gerne wiedergab, strich gleich einmal die Subventionen für die amerikanischen Institute, die mit der Wuhaner Forscherin kooperiert hatten.[343] Dass das Pandemie-Virus aus Shi Zhenglis Labor stammt, wird von einigen Forschern vermutet, andere halten das für unwahrscheinlich.[344] Dass ein Virus, das vor allem in Fledermäusen der subtropischen Provinzen Guangdong, Guangxi und Yunnan vorkommt, ausgerechnet im gut 1000 Kilometer Luftlinie entfernten Wuhan das erste Mal auftritt, wundert allerdings Shi Zhengli selbst: »Ich hätte nie damit gerechnet, dass so etwas in Wuhan, in Zentralchina passieren würde.«[345]

Superspreader und Cluster

Forscher in der ganzen Welt beschäftigen sich mit der Übertragbarkeit des Virus, auch in der Österreichischen Agentur für Gesundheit und Ernährungssicherheit AGES. »Wir haben hier ein Virus, das im Vergleich zu etwa Masern nicht besonders ansteckend ist«, sagt Franz Allerberger, Leiter des Geschäftsfelds Öffentliche Gesundheit.

Dass, wie mittlerweile bekannt, vor allem einige Superspreader für die Ausbreitung der Infektion sorgen, könnte auch erklären, warum etliche Infizierte, die es schon im Herbst 2019 gab, noch nicht die Pandemie ausgelöst haben. In Abwasserproben von Mailand und Turin, die vom 18. Dezember 2019 stammen, wurde bereits das Virus SARS-CoV-2 nachgewiesen. Es dauerte aber bis zum Februar, bis die große Krankheitswelle registriert wurde. Virologen bringen da gerne den Vergleich, wie lange es dauert, ein Feuer zu entzünden. Das erste Zündholz schafft es nicht und verglüht, das zweite verglüht, erst das dritte entfacht das Feuer, das zunächst klein vor sich hin züngelt, und sich dann erst voll entfaltet.[346] Es sei aber auch »gut vorstellbar, dass das Virus schon längere Zeit unterm Radar war und eine Evolution durchgemacht hat, sodass es leichter weitergegeben wird«, sagt die Innsbrucker Virologin Dorothee von Laer.[347]

Welch seltsame Wege das Virus geht, zeigen auch die ersten Fälle in Frankreich Ende Januar. Die gingen von zwei infizierten Personen einer chinesischen Reisegruppe aus, die zehn Tage durch Europa fuhr. Der Fahrer wurde nicht infiziert. »Der Einzige, der sich angesteckt hat, war ein Arzt, der eine der Patientinnen eine halbe Stunde lang intensiv untersucht hat. Und dieser französische Arzt hat keinen anderen infiziert«, sagt Franz Allerberger.[348]

Weitergegeben werden die Virenpartikel in Tröpfchen – beim Husten und Niesen, Schreien und Singen, wenn sie eine andere Person direkt in die Nase, in den Mund oder in die Augen treffen, und das bis zu zwei Meter weit, und zwar auch von Infizierten ohne Symptome. Virenpartikel stecken aber auch in Aerosolen, klitzekleinen in der Luft schwebenden Teilchen, die beim Atmen und Sprechen ausgestoßen werden. Sie halten sich in stehender Luft wesentlich länger als Tröpfchen, sind aber nicht zwangsläufig infektiös, berichtet ein Ärzteteam in der Zeitschrift der Amerikanischen Ärztevereinigung von Studienergebnissen. »Menschen mit einer SARS-CoV-2-Infektion produzieren möglicherweise konstant Tröpfchen und Aerosole, aber die meisten dieser Ausscheidungen infizieren niemanden«, so das Team. Das spreche mehr für Tröpfcheninfektionen, da

Tröpfchen schnell und innerhalb eines kleinen Radius zu Boden fallen. Aerosole schweben zwar stundenlang in der Luft, die darin enthaltenen Virenpartikel reichen aber praktisch nie aus, um eine Infektion hervorzurufen.

Eine Ausnahme sehen die US-Mediziner in der andauernden Exposition mit einer infizierten Person in einem schlecht belüfteten Raum. In diesem Fall könne es passieren, dass sich größere Mengen an virusbeladenen Aerosolen ansammeln und zu einer Ansteckung führen.[349] Eine große Studie in China hat das Ansteckungsrisiko durch 2300 Infizierte in Fernzügen untersucht. Lediglich 1,5 Prozent der Menschen, die in derselben Reihe saßen, wurden angesteckt. Die Forscher empfehlen bei einer Bahnfahrt von einer Stunde zumindest einen Meter Abstand. Bei acht Stunden Reisedauer sollten 2,5 Meter Distanz ausreichen, um eine Infektion zu vermeiden.

Und noch etwas ist inzwischen belegt: Im Freien ist eine Ansteckung extrem unwahrscheinlich. In einer großen chinesischen Studie, in der 318 Infektionscluster mit insgesamt 1245 Infizierten untersucht wurden, konnte nur bei einem einzigen Cluster eine Ansteckung von zwei Personen im Freien dokumentiert werden.[350]

Wie lange eine infizierte Person andere anstecken kann, ist noch nicht restlos geklärt. Bisher gesammelte Daten zeigen, dass man schon zwei Tage vor Symptombeginn und dann mindestens fünf Tage ansteckend ist, die größte Ansteckungsgefahr besteht einen Tag, bevor Krankheitszeichen einsetzen.[351]

Wissenschaftler versuchen nun zu ergründen, was eine Person zum Superspreader macht. Manche Menschen scheinen mehr Virenpartikel auszuscheiden als andere und damit ansteckender zu sein. Das kann mit der Immunreaktion zusammenhängen oder damit, dass sie stärker ausatmen als andere und damit die Virusmenge ihrer Atemluft größer wird.[352] Bei anderen ist aufgrund ihrer beruflichen Situation einfach die Gefahr größer, dass sie andere anstecken, etwa bei Krankenschwestern in Pflegeeinrichtungen oder Barkeepern in Après-Ski-Bars.

Gezeigt hat sich bei SARS-CoV-2 nämlich auch, dass es besonders gern überspringt, wenn Menschen in großen Gruppen in geschlossenen Räumen zusammenkommen, vor allem, wenn es dort laut ist und gesungen, getanzt oder geschrien wird. In Singapur steckten sich 800 Wanderarbeiter in einer Gemeinschaftsunterkunft an, in der US-amerikanischen Stadt Mount Vernon erkrankten 53 von 61 Chormitgliedern nach einem gemeinsamen Singabend, in Japan wurden 80 Fälle auf eine Musikveranstaltung zurückgeführt, 65 Menschen erkrankten in Südkorea nach einer Zumba-Stunde in einem Fitnesscenter, andere in einem Callcenter.[353] Schlachthöfe und fleischverarbeitende Betriebe wie Tönnies in Westfalen sind überhaupt ideal. Dort ist es kalt, das mögen die Viren, die Arbeiter stehen dicht beieinander, der Geräuschpegel ist hoch, deshalb müssen sie schreien; und sie wohnen auf engem Raum zusammen. Ende Juni wurden im Tönnies-Werk in Gütersloh mehr als 1500 Mitarbeiter positiv getestet.

Solche sogenannten Clusterbildungen sind bei Infektionskrankheiten keine Seltenheit. Für die Gesundheitsbehörden sind sie sogar ein gutes Zeichen, weil dann klar ist, wie man der Ausbreitung auch ohne Lockdown beikommen kann: etwa indem Großveranstaltungen eingeschränkt und die Arbeitsbedingungen in gewissen Betrieben geändert werden. Und indem sich die Infizierten und deren Kontaktpersonen rasch in Quarantäne begeben. »Wenn man wirklich gutes Containment macht, kann die Ausbreitung in fast 90 Prozent der Simulationsdurchläufe abgestoppt werden«, sagt jetzt der Simulationsexperte Niki Popper.[354] Bei einer Infektion, wo jeder Infizierte gleich viele Personen ansteckt, funktioniere das im Modell nur bei weniger als 30 Prozent der Fälle.

Fest steht jedenfalls: Temperaturen über 60 Grad Celsius und UV-Licht mögen die Viren nicht. Die anfängliche Sorge, auf Oberflächen haftende Virenpartikel könnten stunden- oder sogar tagelang infektiös und damit ein großes Problem sein, hat sich nicht bestätigt. In getrockneten Tröpfchen halten sich ansteckungsfähige Viren meist nicht länger als eine Viertelstunde.[355] Sich regelmäßig die Hände zu waschen sei zwar trotzdem wichtig, sagt der AGES-Mikrobiologe und Arzt Franz Allerberger, aber: »Virusbehaftete Oberflächen sind also bei Weitem nicht so ein Problem wie anfangs befürchtet. Wir können ja bisher keinen einzigen Ausbruch in der U-Bahn oder im öffentlichen Bus oder bei Supermarkt-Kunden belegen.«[356]

Viren verändern sich. Das erlaubt ihnen, sich immer besser an die Umweltbedingungen anzupassen, etwa so, dass sie länger in ihrem Wirt überdauern oder leichter übertragbar werden. Das passiert nicht gezielt, sondern eher nach dem Zufallsprinzip. Die Veränderungen können dazu führen, dass das Virus immer weniger infektiös wird und schließlich verschwindet. Je weiter sich ein Keim weltweit schon verbreitet hat, desto wahrscheinlicher ist es allerdings, dass er sich irgendwann zu einer Variante mit für das Virus nützlichen neuen Eigenschaften entwickelt, die sich dann durchsetzt.[357] Dabei muss es nicht unbedingt schädlicher für seinen Wirt werden – im Gegenteil: Es nützt Viren, harmlos zu sein. Ihr Programm ist die Vermehrung.

Im Vergleich zu Influenzaviren, die dreimal häufiger mutieren – womit sie die Wirkung von Impfstoffen umgehen –, sind Coronaviren, was Mutationen anlangt, eher faul. Zudem haben sie eine Art Korrekturlesemechanismus eingebaut. Er verhindert, dass die doch stattfindenden Erbgutveränderungen das Virus schwächen.[358] Trotzdem hat sich SARS-CoV-2 seit seinem ersten Auftreten schon verändert, sogar viele tausendmal. Eine internationale Forschergruppe baut mit »Nextstrain« einen in Echtzeit online zu beobachtenden Stammbaum, auf dem für jede Mutation ein andersfarbiger Punkt leuchtet.[359] Und ein neu aufgetretener Stamm, der den ursprünglichen bereits großteils verdrängt hat, zeigt tatsächlich bedeutsam veränderte Eigenschaften: Er ist ansteckender, aber wahrscheinlich weniger gefährlich. Das dürfte auch bei den erneuten Infektionswellen in den USA und Mexiko Anfang des Sommers 2020 eine Rolle spielen, die deutlich weniger Todesopfer zur Folge hatten.[360]

Ob Kinder ebenso infektiös sind wie Erwachsene, darüber ist unter Virologen ein regelrechter Glaubenskrieg ausgebrochen. Dabei geht es um mehr als einen akademischen Disput. Die Erkenntnisse werden von Politikern gern als Argument dafür hergenommen, ob bei steigenden Infektionszahlen Schulen und Kindergärten geschlossen werden sollen. In Grippezeiten scheint diese Maßnahme vorübergehend sinnvoll, während der Spanischen Grippe gab es dort, wo frühzeitig der Unterricht ausgesetzt wurde, weniger Todesfälle.

Doch das Coronavirus verhält sich anders als das Influenzavirus. In den meisten bisherigen Studien sind Kinder deutlich seltener Virusträger, in Ischgl um ein Drittel weniger, in Südkorea sogar nur halb so häufig. Sind sie infiziert, stecken in ihnen jedoch genauso viele Viren wie in Erwachsenen.[361] War es also hilfreich, Kindergärten, Schulen und Spielplätze wochenlang zu schließen? AGES-Experte Franz Allerberger sagt: »Nach meiner Meinung hätten wir die Kindergärten verpflichtend offenhalten müssen.«[362]

Wie immun ist, wer Covid-19 hinter sich hat?

Um Krankheitserreger abzuwehren, bildet das Immunsystem unter anderem Antikörper aus Eiweiß-Zucker-Verbindungen, die im Blut zirkulieren. Sie helfen dabei, Keime unschädlich zu machen, indem sie sich an sie heften. Dazu müssen sie allerdings so umgebaut werden, dass sie wie Schlüssel und Schloss mit den Eiweißstoffen an der Oberfläche des Eindringlings zusammenpassen. Hat das Immunsystem den Schädling erfolgreich bekämpft, bleiben die Antikörper weiterhin im Blut, reagieren sofort, wenn der gleiche Keim wieder eindringt, und verhindern damit eine Infektion – es besteht Immunität. Es können aber auch andere Teile des Immunsystems wie die T-Zellen eine Virusinfektion erfolgreich abwehren. Das Fehlen eines speziellen Antikörpers muss nicht unbedingt bedeuten, dass keine ausreichende Abwehrkraft vorliegt.

Gegen den neuen Keim SARS-CoV-2 war 2019 wahrscheinlich kaum jemand auf der Welt immun. Bei den Personen, die mittlerweile damit infiziert wurden und Antikörper gebildet haben, ist bisher nicht klar, wie lange sie gegen eine neuerliche Infektion geschützt sind. Rückschlüsse vom ersten SARS-Virus deuten auf eine Immunität von zwei bis drei Jahren hin. Berichte über neuerliche Infektionen gibt es bisher nicht.

Auch bei Menschen, die zwar angesteckt sind, aber nicht krank werden, reagiert das Immunsystem. So hat sich beispielsweise im europaweiten Corona-Hotspot Ischgl bei einer Antikörperstudie gezeigt, dass 42,4 Prozent der Bewohner die Infektion bereits durchgemacht haben – sechsmal so viele wie die offiziell gemeldeten Fälle. Etliche der vorher nicht diagnostizierten Ischgler erinnerten sich an Geruchs- und Geschmacksverlust oder Husten, ein Viertel der antikörperpositiv Getesteten merkte nichts von der Ansteckung. Herdenimmunität sei damit aber noch nicht erreicht, sagt die Studienleiterin Dorothee von Laer von der MedUni Innsbruck.[363]

Eine hohe Herdenimmunität, das ist so etwas wie der Heilige Gral der Epidemiologen. Sie besagt, dass das Virus verschwindet, wenn viele Menschen immun dagegen sind. Denn dann findet der Keim kaum noch jemanden, den er als Wirt benutzen kann. 60 bis 80 Prozent der Bevölkerung sollten das bei SARS-CoV-2 sein, lautet die gängige Annahme. Aber auch schon bei 20 oder wie in Ischgl bei mehr als 40 Prozent immune Personen werden Tempo und Umfang der neuen Infektionen deutlich gebremst.[364]

Unzuverlässige Tests

Ob eine Person akut mit dem Coronavirus infiziert ist, kann mithilfe von PCR-Tests festgestellt werden. PCR steht für *polymerase chain reaction*, Polymerase-Kettenreaktion, eine Labormethode zur Untersuchung der molekularen Feinstruktur der Virus-Erbsubstanz. Das heißt, der Test sucht nach einem Genabschnitt, der spezifisch für das Virus ist. Dabei weist der Test aber nicht ansteckungsfähige Viren nach, sondern Virenbestandteile, wie sie sich auch noch bei vielen Menschen finden, die die Infektion bereits überstanden haben.[365]

Testergebnisse in der Medizin sind nie zu 100 Prozent verlässlich. Es gibt sowohl falsch negative Ergebnisse – eine infizierte Person wird als gesund beurteilt – als auch falsch positive – eine gesunde Person gilt als infiziert.

Ein Test mit einer Sensitivität von 95 Prozent identifiziert 95 von 100 Infektionen und fünf nicht. Die Kehrseite eines hochsensitiven Tests: Er kann viele falsch positive Befunde liefern, wenn er nicht spezifisch genug ist. Die Spezifität ist der Prozentsatz, zu dem nicht infizierte Personen als gesund erkannt werden.

Ein Test mit einer Spezifität von 98 Prozent liefert bei zwei von 100 Gesunden ein falsch positives Ergebnis.

Das hat Auswirkungen, da diese Person dann höchstwahrscheinlich Quarantäne verordnet bekommt, am Arbeitsplatz ausfällt, ihre Kontaktpersonen ausfindig gemacht und ebenso getestet werden. Verschiedene Institute messen, wie gut die Ergebnisse von Labors sind. Während eine solche Qualitätsmessung von 52 Labors in Österreich kein einziges falsch positives Resultat erbrachte[366], lag die Rate der falsch positiven Testergebnisse bei einer Überprüfung in Deutschland zwischen 1,4 und 2,2 Prozent.[367]

Ist das Virus nicht sehr weit verbreitet, könnte das dann bedeuten, dass die Anzahl der falsch positiv Getesteten höher ist als die der tatsächlich Infizierten? Beispielsweise wurden am 6. Juli in Österreich 6301 Tests durchgeführt, 60 davon waren positiv. Professor Andreas Sönnichsen vom Zentrum für Public Health der MedUni Wien nimmt an, dass inzwischen ein Großteil der in breiten Screenings gefundenen Test-Positiven das Virus gar nicht in sich trägt.[368]

In Kenntnis dieser Ungenauigkeit sind breite Massentests ohne konkrete Verdachtsmomente wenig sinnvoll. Um die tatsächliche Erkrankungswahrscheinlichkeit zu beurteilen, sollten Ärzte die Vortestwahrscheinlichkeit hinzuziehen: Hatte die Person Kontakt mit Infizierten, kommt sie aus einem Risikogebiet? Sind ihr Alter, die Symptome und Befunde mit Covid-19 vereinbar? Schwach positive Testergebnisse sollten dann jedenfalls durch einen zweiten Test überprüft werden. Der deutsche Verband Akkreditierte Labore in der Medizin rät aus diesem Grund von flächendeckenden Bevölkerungstests ab. Sie seien »weder medizinisch angemessen noch epidemiologisch effektiv, sondern letztlich eine nicht notwendige Verschwendung von Finanzmitteln«, sagte der Vorsitzende des Verbands Michael Müller gegenüber dem »Deutschen Ärzteblatt«. Auch ein

Durchtesten von ganzen Belegschaften eines Unternehmens sei nicht sinnvoll, da ein PCR-Test, der bei asymptomatischen Personen ohne Anlass eingesetzt werde, immer die Gefahr einer falschen Interpretation berge.[369]

Es gibt aber auch falsch negative Testergebnisse. Das bedeutet, eine Person wird als nicht infiziert eingestuft, obwohl sie angesteckt ist. Sie wird also nicht in Quarantäne abgesondert, ihre Kontaktpersonen werden nicht eruiert, die Infektionskette kann nicht unterbrochen werden. Dass ein PCR-Test eine Infektion nicht anzeigt, hat mehrere Gründe: Die Viren, die mithilfe des Tupfers aus Nase oder Rachen der zu testenden Person gewonnen werden, sind nicht immer vermehrungsfähig – im Test kann dann kein Genmaterial identifiziert werden; das hängt unter anderem vom Zeitpunkt der Probeabnahme ab. In den ersten Tagen der Infektion ist es nahezu unmöglich, die Viren nachzuweisen. Auch schlampige Abstriche nicht in der Tiefe von Rachen und Nasenhöhle oder unsachgemäßer Transport der Proben führen zu unverlässlichen Testergebnissen. Bis zu 40 Prozent der Tests können aus diesen Gründen falsch negativ sein, hat eine Überblicksstudie der Johns Hopkins University in Baltimore ergeben.[370] In Europa liegt die Rate der falsch negativen Tests laut einer Qualitätsmessung in Deutschland zwischen 0,3 und 1,1 Prozent.[371] Bei unsicherem negativen PCR-Testergebnis, aber begründetem Verdacht auf eine SARS-CoV-2-Infektion wird deshalb empfohlen, den Test zu wiederholen.

Tests sollten jedenfalls von zertifizierten Labors ausgewertet werden. Bei den inzwischen in Drogeriemärkten erhältlichen Selbsttests muss man mit einer wesentlich größeren Ungenauigkeit rechnen.

Die Ergebnisse von Antikörpertests, mit denen festgestellt werden soll, ob jemand bereits eine Infektion durchgemacht hat, sind ebenfalls nicht immer verlässlich. Das hängt zum einen damit zusammen, dass die Bildung von Antikörpern Zeit braucht, in der Regel sind sie erst ab dem 14. Tag der Infektion nachweisbar.[372] Umgekehrt kann es sein, dass zwar Antikörper gefunden werden, dass es sich dabei aber nicht um SARS-CoV-2-spezifische, sondern etwa um solche gegen eines der vier jeden Winter zirkulierenden Erkältungs-Coronaviren handelt.

Die Rate von falsch negativen Resultaten dieser Antikörpertests wird von verschiedenen Herstellern mit bis zu 20 Prozent, die von falsch positiven mit bis zu 7,5 Prozent angegeben.[373] Für die Antikörperstudie, die Dorothee von Laer in Ischgl durchgeführt hat, wurden deshalb mehrere Tests miteinander kombiniert. Bei widersprüchlichen Ergebnissen wurden die Laborproben mit einem dritten Test überprüft. So kann mit nahezu hundertprozentiger Sicherheit gesagt werden, dass tatsächlich 42,4 Prozent der Bewohner von Ischgl die Infektion bereits durchgemacht haben.[374]

Mitglieder des Deutschen Netzwerks Evidenzbasierte Medizin haben berechnet, dass die Wahrscheinlichkeit von falsch positiven Ergebnissen hoch ist, wenn Personen getestet werden, die keinerlei Symptome hatten, nicht mit Infizierten zusammen und auch nicht in Risikogebieten waren. Antikörpertests sollten deshalb nicht unkontrolliert angewandt werden. »Personen, bei denen fälschlicherweise eine Immunität angenommen wird, können z. B. aus einem falschen Sicherheitsgefühl wieder vermehrt Kontakte aufnehmen oder die Hygieneregeln weniger beachten. Das kann in Folge zu einer Gefährdung anderer und der eigenen Person führen und die Verbreitung von COVID-19 wieder erhöhen«, sagt der Internist Karl Horvath, einer der Autoren der Studie.[375]

Vielschichtige Erkrankung

Die Infektion mit dem Coronavirus verläuft bei den meisten Menschen glimpflich, viele bekommen davon gar nichts mit. »Die meisten« ist freilich ein dehnbarer Begriff. In einer Übersichtsarbeit der Cochrane Collaboration, eines unabhängigen Netzwerks von Ärzten und Gesundheitswissenschaftlern, wurden die Daten von 7706 Infizierten aus 16 Studien ausgewertet. Krankheitszeichen zeigten 5 bis 38 Prozent davon.[376] Wird man krank, so zeigt sich das meist fünf bis sechs Tage nach der Infektion.[377] Die Krankheit, die dann einsetzt – Covid-19 genannt –, kann so vielgestaltig sein, dass sie selbst langgediente Mediziner zuweilen überrascht.

Die vier gängigen Erkältungs-Coronaviren bleiben meist im Rachenraum und siedeln sich dort in den Zellen an – sie machen Schnupfen. SARS-1 und MERS landen in der Lunge und verursachen schwere Lungenentzündungen. SARS-CoV-2 kann beides, das macht es so problematisch. Das Virus kann im Rachen oder in der Nase beginnen, einen Husten auslösen und den Geschmacks- und Geruchssinn empfindlich stören und dann dort enden. Oder es kann sich gleich oder im Verlauf der Erkrankung bis in die Lunge ausbreiten und dieses Organ schwächen. Wahrscheinlich hängt es vom allgemeinen Gesundheitszustand und damit dem Immunsystem des Menschen ab, wo und wie tief sich das Virus festsetzen kann. Dem entsprechend wird überall beobachtet, dass Menschen mit chronischen Krankheiten oder anderen Beeinträchtigungen und auch sehr alte Menschen ein wesentlich höheres Risiko haben, schwer zu erkranken. Und dass soziale Benachteiligung mit elenden Lebensverhältnissen ebenfalls das Erkrankungsrisiko und die Sterblichkeit erhöht – das ist in den USA so, wo Afroamerikaner wesentlich häufiger an Covid-19 sterben, und auch bei den Wanderarbeitern und Flüchtlingen überall auf der Welt.

Eine Studie in Großbritannien, die 16.749 Covid-Patienten umfasste, hat gezeigt, dass nicht nur das Alter und Vorerkrankungen wie ein Nierenleiden oder eine Herzkrankheit, sondern auch Übergewicht das Risiko erhöht. So ist die Wahrscheinlichkeit, dramatisch krank zu werden, bei über 75-Jährigen 66-mal, bei Menschen mit einem Body-Mass-Index von 40 sechsmal erhöht.[378]

Wer im Krankenhaus behandelt werden muss oder Intensivbehandlung benötigt, ist aber auch noch von anderen Dingen abhängig. Etwa »davon, welche Überwachungsmöglichkeiten bestehen und was die Normalstation leisten kann«, sagt Christoph Wenisch von der Wiener Klinik Favoriten. In Österreich kam Anfang Mai noch jeder dritte positiv Getestete ins Krankenhaus, knapp 27 Prozent davon landeten auf Intensivstationen. Ende Juni benötigten nur mehr 9 Prozent der bestätigten Fälle eine Spitalsbehandlung und davon nur jeder Zehnte intensivmedizinische Versorgung. In anderen Ländern sieht es ähnlich aus.[379] Das liegt zum einen daran, dass alte Menschen, die das höchste Risiko einer schweren Erkrankung haben, nach und nach besser geschützt und damit seltener infiziert und krank werden. Andererseits werden immer mehr junge Menschen getestet, die weniger oft schwer erkranken, dazu kommen auch vor allem bei breiten Massentests mögliche falsch positive Testergebnisse. Und auch die Therapiemöglichkeiten sind besser geworden.

Mehr als Influenza

Je mehr Menschen infiziert waren, desto deutlicher wurde, dass das Virus im Körper mehr anrichten kann als etwa Influenzaviren. Lungenschäden sind bei schwerer Erkrankung am häufigsten: Die Lungenbläschen entzünden sich, die Lungengefäße verstopfen, ein Grund dafür, dass Covid-Patienten oft nicht auf die künstliche Beatmung ansprechen. »Wir hatten von 14 Obduktionen nur zwei Fälle, die diese schweren Lungenveränderungen nicht aufgewiesen haben und die an anderen Ursachen verstorben sind«, sagt der Vorstand des Grazer Pathologieinstituts Gerald Höfler.[380] Ähnliche Ergebnisse lieferten auch Obduktionen am Universitätsklinikum Heidelberg.[381]

Für einen seltenen dramatischen Verlauf der Krankheit gibt es aber noch andere Ursachen. Die liegen nicht am Virus selbst, sondern am Immunsystem. Das schickt, sobald ein Krankheitserreger auftaucht, Fresszellen aus, die sich den Keim einverleiben. Bei viralen Infektionen haben die Fresszellen aber keine Chance mehr, sobald das Virus in eine Zelle eingedrungen ist. Das Immunsystem reagiert daraufhin mit einer Entzündung, um den Erreger loszuwerden, und kann in manchen Fällen diese Reaktion nicht mehr stoppen. Dann steigt das Fieber, das Herz muss stärker pumpen, die Gefäße erweitern sich, im schlimmsten Fall können mehrere Organe, ähnlich wie bei einer Blutvergiftung, gleichzeitig versagen. Bei MERS, der Krankheit, die ebenfalls durch ein Coronavirus hervorgerufen wird, kam es besonders oft zu einer solchen Zytokinsturm genannten Überreaktion des Immunsystems. Jeder dritte Infizierte starb daran. Was genau diese immunologische Entgleisung verursacht, ist noch nicht bekannt.

Ärzte haben zwangsläufig mit kranken und sehr kranken Menschen zu tun, fast täglich gibt es neue Studien zum Verlauf von Covid-19, vieles wird beobachtet. Ob tatsächlich alles dem Virus zugeschrieben werden kann, müssen erst weitere Studien bestätigen. So haben italienische Mediziner festgestellt, dass mehr als die Hälfte der Patienten auch noch sechs Wochen nach der Infektion an Müdigkeit litten, 43 Prozent waren kurzatmig, jeder fünfte klagte über Brustschmerzen.[382] Von anderen schweren Virusinfektionen wie SARS oder MERS, aber auch anderen Erkrankungen, ist bekannt, dass der Aufenthalt in der Intensivstation und eine mechanische Beatmung zu Depressionen und Angststörungen führen. Auch die Krankheit selbst, der Sauerstoffmangel und Durchblutungsstörungen hinterließen Spuren in der Psyche.[383]

Britische Forscher haben auf neurologische Komplikationen bei mehr als 40 Patienten nach Covid-19-Erkrankungen hingewiesen, wie sie schon vor hundert Jahren nach der Spanischen Grippe beobachtet worden waren: eine Art Lethargie, plötzliche Schlafanfälle und Verwirrtheit.[384]

Bei Kindern verläuft die Infektion fast immer symptomlos oder mild. Manchmal bekommen die Kleinen nur Bauchweh, Durchfall und Fieber, oft sind sie infiziert, ohne etwas zu bemerken. Schwer krank werden nur ganz wenige, besonders Kinder, die zusätzlich eine zweite Virusinfektion, Krebs oder Herzprobleme haben.[385] Mit etwas Zeitverzögerung kann sich bei einigen wenigen allerdings eine Gefäßentzündung entwickeln. Die äußerlichen Symptome – knallrote Lippen, Fieber, Hautausschlag – ähneln einem Krankheitsbild, das Kawasaki-Syndrom genannt wird und äußerst selten ist.[386]

Die Sache mit der Sterblichkeit

»Wir haben befürchtet, dass so etwas wie SARS kommt oder wie MERS, mit einer Sterblichkeit von 30 Prozent«, sagt Franz Allerberger von der AGES.[387] Tatsächlich waren die aus China kolportierten Todeszahlen zu Anfang erschreckend hoch. Mittlerweile gibt es etliche Berechnungen, die die Sterblichkeit weit geringer ansetzen. Die Epidemiologen gehen dabei von der sogenannten Fallsterblichkeit aus, der Zahl, die angibt, wie viele der

Menschen sterben, bei denen die Covid-19-Erkrankung durch Test festgestellt ist. In Österreich lag diese Fallsterblichkeit laut Johns Hopkins University bis Juli im Durchschnitt bei 3,9 Prozent, in Spanien bei 11,4 Prozent und in Schweden bei 7,7 Prozent.[388] Doch diese Zahl beschreibt nicht die ganze Wirklichkeit: Sie berücksichtigt nur die bestätigten Krankheitsfälle. Da bei vielen Menschen die Infektion aber unbemerkt verläuft, ist sie weit überschätzt, wahrscheinlich um bis das Zehnfache. Studien wie etwa in Ischgl, die alle Infizierten erfassen, zeigen folgerichtig eine Sterblichkeit von 0,26 Prozent, im deutschen Heinsberg waren es 0,36 Prozent (-> Warum so viele starben, S. 113 ff.). Das ist immer noch höher als die Sterblichkeit bei Influenza, die auf 0,1 bis 0,2 Prozent geschätzt wird.

Das Risiko, an Covid-19 zu sterben, erhöht sich mit dem Alter in demselben Ausmaß, wie es insgesamt mit fortschreitendem Alter wahrscheinlicher wird zu sterben.[389] Und auch Menschen mit anderen Erkrankungen wie Diabetes oder Herzleiden sowie Übergewichtige sterben öfter an der Infektion als Junge, Schlanke. In Europa, und da selbst in den von der Pandemie schwer betroffenen Gebieten Italien oder Frankreich, sind jedenfalls nur 4,5 bis 11,2 Prozent aller an Covid-19 Verstorbenen jünger als 65, und überhaupt nur 1,3 Prozent unter 40 Jahre alt. Die Hälfte bis vier Fünftel der Todesfälle betreffen über 80-Jährige.[390]

Aber betagt zu sein ist bei einer Infektion mit dem Coronavirus noch nicht gleichbedeutend mit dem Tod. Im Zamser Kloster im Tiroler Oberland hatten sich 40 Nonnen infiziert, fast alle waren über 80. »Es gab keinen einzigen Todesfall«, sagt Franz Allerberger von der AGES. »Die Krankheit ist nicht immer so schlimm, wie wir anfänglich meinten.«[391]

Medikamente und Impfstoffe: Der mühevolle Weg

»Wir haben sehr viel gelernt«, sagt Christoph Wenisch.[392] »Von den ersten elf Intensivpatienten sind sechs verstorben, von den letzten 20 nur mehr zwei. Das ist durch eine Vielzahl von Dingen gelungen, die wir verändert haben, beispielsweise die Medikation.«

Das Instrumentarium, das Ärzten zur Verfügung steht, ist derzeit noch begrenzt. Remdesivir, das zur Behandlung von Ebola entwickelt wurde, wirkt antiviral, indem es die Virenvermehrung hemmt. Das scheint umso besser zu funktionieren, je früher das Mittel zum Einsatz kommt. Intravenös gegeben, verkürzt es bei fünftägiger Anwendung die Krankheitsdauer um vier bis fünf Tage, eine Verringerung der Sterblichkeit konnte in den bisherigen Studien nicht gezeigt werden.[393] Nach den USA und Japan hat auch die Europäische Kommission Anfang Juli 2020 Remdesivir im Zuge einer beschleunigten Zulassung für die Behandlung von Covid-19-Patienten freigegeben, die an einer Lungenentzündung mit zusätzlichem Sauerstoffbedarf leiden.

Das entzündungshemmende Malaria-Medikament Hydroxychloroquin wurde zu Anfang der Pandemie vor allem vom französischen Arzt Didier Raoult als Wundermittel gepriesen, von Donald Trump regelrecht beworben. Die WHO koordinierte eine Forschungsreihe mit mehr als 3500 Patienten in 35 Ländern, bei der die Wirksamkeit verschiedener bereits vorhandener Medikamente, auch von Hydroxychloroquin, getestet wurde[394]; die US-amerikanische Arzneimittelbehörde FDA erließ eine Ausnahmegenehmigung für das Medikament zur Behandlung von Covid-19. Doch dann mussten mehrere Studien aufgrund zweifelhafter Daten zurückgezogen werden, im Juni brach die WHO den Studienzweig mit Hydroxychloroquin ab.[395] Die FDA

widerrief die Zulassung wegen geringer Wirksamkeit und gefährlicher, in manchen Fällen tödlicher Herzrhythmusstörungen.[396]

Das Kortison Dexamethason hat in Studien die Sterblichkeit bei Patienten, die Sauerstoff benötigen, gesenkt, ein
Resultat, das Intensivmediziner und Infektiologen wie Christoph Wenisch wenig erstaunt; er wendet das Medikament schon
seit Beginn der Pandemie an. Auch Antikörper könnten schwer
Erkrankten helfen, doch Versuche mit dem Plasma von genese-
nen SARS-CoV-2-Infizierten haben die Krankheitsdauer nicht
beeinflusst.[397]

Weltweit wird mit Stand Juli 2020 an der Entwicklung von
298 Medikamenten und 199 Impfstoffen gearbeitet[398], die meisten
sind in der präklinischen Phase, also noch nicht an Menschen
getestet. Das Austrian Institute for Health Technology Assess-
ment in Wien hat ein Früherkennungsprogramm gestartet, in
dem es Studienergebnisse überblicksmäßig zusammenfasst,
womit Gesundheitspolitikern die Entscheidung erleichtert
werden soll, von welchen Arzneimitteln rechtzeitig ausreichende
Kontingente bestellt werden sollen. Vielversprechende Wirk-
und Impfstoffe zeichnen sich laut Claudia Wild, der Geschäfts-
führerin des Instituts, jedoch nicht ab. »Gelassenheit ist gefragt«,
sagt sie. »Was man braucht für die breite Bevölkerung, sind
Impfungen – das dauert – oder oral zu verabreichende Medikamente, die eine Hospitalisierung verhindern können. Die sehe
ich derzeit nicht.«[399]

Und dann?

20.000 dieser Wesen messen gemeinsam knapp einen Millimeter. Doch sie haben unser Leben durcheinandergebracht. Was müssen wir verändern, damit unser Leben nicht von Pandemien bestimmt wird?

Wir werden mit dem Virus leben müssen. Die Hoffnungen mancher Mediziner, dass es verschwinden würde, gehen offenbar nicht in Erfüllung. Wahrscheinlicher ist, dass es mit der Zeit harmloser wird. Es gibt Wege, auf vernünftige und unaufgeregte Weise für die Eindämmung der Infektions-Cluster zu sorgen – mit den Grundregeln, die wir auch bei anderen Virusinfektionen kennen, und dem Tracking und Tracing der Menschen in und um die Infektionsherde.

Es wird weitere Pandemien geben. Gründe genug, sich zu besinnen.

Optimisten wie Matthias Horx meinen, dass Krisen die Weltgeschichte immer vorantreiben. Wenn dem so wäre, gäbe es in den nächsten Jahren große Fortschritte zu erwarten. So tief wie die Einschnitte im ersten Halbjahr 2020 hat in den vergangenen 75 Jahren nichts auf die Zivilisation eingewirkt.

Das geschah mehrfach paradox: Ausgerechnet die Verfechter des radikalen Marktliberalismus in der Politik, also Rechtsliberale und Bürgerliche, wurden zur Avantgarde der Abschaffung aller Freiheiten, die ein Markt braucht. Und ausgerechnet die Verfechter des Sozialstaates und der kulturellen Vielfalt, also Sozialdemokraten und Grüne, sorgten mit tiefster Überzeugung für leere Theater, Kinos, Sportveranstaltungen, Kirchen und eine beispiellose Massenarbeitslosigkeit.

Die Menschen folgten in großer Übereinstimmung den Anordnungen, die sie entmündigten und ihnen praktisch alle bürgerlichen Rechte nahmen. Im Interesse der Lebensrettung plädierten nicht wenige sogar dafür, kritische Stimmen aus den Medien gleich überhaupt zu verbannen.

Dass Gedankenfreiheit und Redefreiheit zu den Grundpfeilern unserer Demokratie gehören, ist für viele immer noch nicht selbstverständlich.

Lebensschutz als Totschlagargument – so überschreibt der österreichische Sozialmediziner Martin Sprenger einen Text, in dem er die Scheinheiligkeit so mancher anprangert:

»Es zipft mich schon dermaßen an, wie ihr plötzlich alle zu Moralaposteln werdet. Ja, jeder Todesfall ist tragisch, egal ob er in Österreich, Italien, Afrika oder den USA passiert. Aber tut doch bitte nicht so, als ob erst seit dem Jahr 2020 gestorben wird. Todesfälle aufgrund dieser Pandemie sind tragisch, (…) aber sind die 1,2 Millionen vorzeitigen Sterbefälle aufgrund von Tuberkulose und eine Million aufgrund von HIV/AIDS nicht auch tragisch? Was ist mit den 5,3 Millionen Kindern, die jedes Jahr vor dem 5. Lebensjahr versterben? Jedes Jahr! Immer und immer wieder! Auf dem Dashboard wären das 14.500 Sterbefälle jeden Tag! Doppelt so viel wie am Höhepunkt der Corona-Pandemie. Hat euch das bisher irgendwie gekümmert? Viele dieser Todesfälle wären vermeidbar gewesen. Hat sich irgendeiner von euch Moralaposteln jemals dazu geäußert? Ich hätte auch gut und gerne auf diese Pandemie verzichtet. Aber euch, die ihr da jetzt so politisch korrekt und pseudoempathisch in diversen Medien herumheuchelt, möchte ich am liebsten laut ins Gesicht schreien: Wo ist eure Empathie, wenn Menschen im Mittelmeer ertrinken, wo ist sie, wenn Kinder in Flüchtlingslagern, eine Flugstunde von Österreich entfernt, jämmerlich krepieren? Eure Scheinheiligkeit kotzt mich an!«[400]

Lasst uns die Vernunft desinfizieren

Carmen Collini, Gesundheitscoach in Österreich, schreibt auf Facebook:

»Wir erinnern uns: bald wird jeder von uns jemanden kennen, der an Corona verstorben ist.

Damit wurde uns Angst eingejagt

Damit haben wir uns einsperren lassen.

Damit haben wir unsere Kinder psychisch missbraucht.

Damit haben wir die Senioren an Einsamkeit sterben lassen.

Damit haben wir keine notwendigen Untersuchungen im Krankenhaus durchführen lassen.

Damit haben wir unsere kaputte Wirtschaft endgültig gegen die Wand gefahren.

Damit haben wir argwöhnisch unsere Nachbarn beobachtet und kontrolliert.

Damit haben wir uns einteilen lassen, in Risikogruppe, Systemerhalter, Maskenträger, Verschwörungstheoretiker.«

Die gegenteilige Haltung ist immer noch viel weiter verbreitet. Vielen kommen die Lockerungen der Freiheitsbeschränkungen zu schnell. »Überall im Land sind wir dabei, wieder Öl ins virale Feuer zu gießen durch die Wiedereröffnungen«, lautet ein zentrales Argument. Die Appelle an Eigenverantwortung fruchten nicht, wird argumentiert, Leute bewegen sich ohne Maske viel zu nahe zueinander. Der Ruf nach Schulschließungen, Maskenpflicht und Ausgangssperren wird bei jedem neuen, noch so kleinen Cluster von Infizierten laut.

Die mathematischen Modelle der exponentiellen Ausbreitung der Infektion waren die Basis für die Entscheidung zum Lockdown. Doch diese Modelle haben sich als falsch erwiesen – SARS-CoV-2 verbreitet sich nicht gleichmäßig. 80 Prozent der Infizierten stecken niemanden an. Inzwischen haben in

Österreich die Experten rund um den Mathematiker Niki Popper neue Modelle berechnet, die diesen Umstand berücksichtigen. Wir sollten daraus lernen, dass drastische Maßnahmen zur Epidemie-Bekämpfung unbedingt gesicherte Erkenntnisse als Grundlage brauchen. Und dass die Entscheidungen transparent begründet werden müssen.

Dass dennoch in einigen Ländern die Sterblichkeit hoch war und in anderen die Verbreitung des Virus rasch vor sich ging und geht, hat wesentliche Gründe: Das öffentliche Gesundheitswesen funktioniert dort mangelhaft oder ist gar nicht wirklich vorhanden. Die rasche Identifizierung von Erkrankten und den Kontaktpersonen gelingt dort ebenso wenig wie vernünftige Quarantäne- und Vorsichtsmaßnahmen. Dann helfen auch große Zahlen an Tests quer durch die Bevölkerung nichts – sie bringen nur große Zahlen an Infizierten, das gute Prozent falsch positiver Ergebnisse inklusive.

Wir müssen dafür sorgen, dass unser Gesundheitswesen seine Kompetenz nicht nur erhält, sondern ausbaut.

SARS-CoV-2 hat uns aber auch gezeigt, dass die Politik praktisch alle Sachzwänge, auf die sie sich bei der Ablehnung von Reformen sonst immer beruft, über Bord werfen kann. Und es hat uns andererseits gezeigt, wie ohnmächtig die Regierungen einzelner Staaten letztlich sind, wenn Wirtschaft und Lieferketten, die weltweit verknüpft sind, plötzlich nicht mehr funktionieren.

SARS-CoV-2 hat uns zudem klargemacht, wie fragil und manchmal fragwürdig die wissenschaftlichen Erkenntnisse in der Medizin sind, auch schon wenn es kleinere Neuerungen gibt wie ein winziges Virus. Und wie verletzlich unsere Zivilisation und Demokratie angesichts dieser Unsicherheiten sind. Alle Sicherungssysteme, die sonst als eherne Regeln der wissenschaftlichen Evidenz gelten, wurden außer Kraft gesetzt. Aus Forschern wurden Influencer, die auf allen Kanälen vorläufige Studienentwürfe und Denkansätze als Erkenntnisse umdefinierten und die Politik vor sich hertrieben. Seriöse Stimmen wurden überhört oder ins Eck der Leugner der tödlichen Bedrohung gestellt.

SARS-CoV-2 hat das »Wir«-Gefühl erhöht, aber auf eine problematische Art. Der ethnische Nationalismus, den wir während der Flüchtlingskrise erlebt haben, rückte die Herkunft eines Menschen ins Zentrum. Da ging es um ein »Wir gegen die«. Das ist jetzt wieder so, aber es gibt einen Unterschied: »Wir« bedeutet nun zumindest alle, die hier leben.

SARS-CoV-2 hat intensive Ängste mobilisiert und vernünftiges Abwägen stillgelegt. Fünf Monate lang wurden wir mit entsetzlichen Bildern, Infektionsraten und Todeszahlen überschwemmt, die die Realität nicht wirklich abbildeten, weil sie vermittelten, Sterben sei allein ein Corona-Problem.

Die einzigen einigermaßen verlässlichen Zahlen darüber, was unser Leben bedroht, sind die Todesfälle pro 100.000 Einwohner und Jahr: In Deutschland sterben jährlich 1160 Menschen je 100.000 Einwohner. Corona verursachte bisher elf dieser Todesfälle, also weniger als 1 Prozent. In Österreich ist das ähnlich. In Italien kommen je 100.000 Einwohner auf 1030 Tote insgesamt 58 Corona-Todesfälle, in Frankreich beträgt das Verhältnis 930 zu 46, in Schweden 910 zu 54. Das wirklich große Sterben hat also auch zu Zeiten der Pandemie andere Gründe.[401]

Jeden Tag sterben ohne größeres Aufsehen in Europa etwa 1700 Menschen an Herzkrankheiten, 750 an Lungenkrebs, 520 an Demenz, 480 an Krankheiten der unteren Atemwege und 360 an einer Lungenentzündung.

Auch ohne Corona-Infektionen ist das Krankenhaus ein Ort, in dem Bakterien, Viren und andere Mikroben Patienten infizieren, krank machen oder schädigen können. Das Robert-Koch-Institut schätzt nach einer Studie aus dem Jahr

2019, dass es jährlich bis zu 600.000 Krankenhausinfektionen gibt. Die Zahl der durch Krankenhauskeime verursachten Todesfälle liegt danach bei 10.000 bis 20.000 pro Jahr oder 30 bis 60 pro Tag. Die Deutsche Gesellschaft für Krankenhaushygiene hält sogar eine Million im Krankenhaus gesetzte Infektionen und mindestens 30.000 Todesfälle pro Jahr für realistisch.[402]

Die Corona-Pandemie ist im historischen Verlauf der menschlichen Seuchenerfahrungen ein gravierendes, aber kein wirklich außerordentliches Ereignis. Pandemien sind immer Krankheiten durch Krankheitserreger und gleichzeitig Krankheiten der gesellschaftlichen Verhältnisse. »Sie produzieren kollektive Ängste, verschärfen soziale Spannungen und decken Gefahren auf, die gerne verdrängt wurden«, schreibt der Berliner Arzt Ellis Huber. »Der verdrängte Tod im Alltag der Menschen wird plötzlich sichtbar und kollektiv unbewusste Energien kommen an die Oberfläche. Das Corona Virus offenbart die Gesundheit des sozialen Bindegewebes und den Zustand von Mitmenschlichkeit in den betroffenen Gesellschaften.«[403]

Neue Sicht auf das Gesundheitswesen

SARS-CoV-2 hat aber auch für viele einen neuen Blick auf das Gesundheitswesen ermöglicht. Überall, wo es nicht durch massive Einsparungen und Privatisierungen am Funktionieren gehindert wurde, hat es sich als stabiler und krisenfester Faktor erwiesen. Schlecht ausgebildetes Personal und veraltete Hierarchien dagegen haben dem vermeidbaren Tod vieler älterer Menschen Vorschub geleistet. Toleranz, Offenheit und pluralistische Kooperationsbeziehungen ohne ideologische Scheuklappen sind die Faktoren, die auch eine Gesellschaft resilient, also widerstandsfähig machen können.

Im Gesundheitswesen wird sich entscheiden, ob – nach dem Zusammenbruch des »realen Sozialismus« und der alten sozialstaatlichen Modelle, aber auch des neoliberalen Projektes – in der modernen Zivilgesellschaft ein neues System der Solidarität entsteht oder aber eine tiefe Dezivilisierung in den Industriestaaten Platz greift.

Tracking versus Lockdown

Nach den Erfahrungen in Südkorea oder Taiwan können konsequente öffentliche Aufklärung, schnell zugängliche und im konkreten Verdachtsfall auch breiter angelegte Messungen des Infektions- und Immunstatus der Menschen sowie rasches Testen auch aller Kontaktpersonen der Infizierten die Ausbreitung von SARS-CoV-2 ebenso verhindern wie die anderer Epidemien.

Der Einsatz freiwilliger Tracking-Apps zur anonymisierten Warnung von Kontaktpersonen im Fall einer Infektion wird die Seuchenbekämpfung optimieren. Dieser Schritt macht eine Art Selbstorganisation der Infektionsabwehr möglich, wenn die Technologie transparent und nachvollziehbar gestaltet ist. Solche Apps gibt es inzwischen in fast allen europäischen Ländern, allerdings ist oft eben nicht nachvollziehbar, ob und wie sie überhaupt funktionieren – ein schwerwiegendes Hemmnis für die nötige breite Akzeptanz: Wenn 50 Prozent der Menschen die App haben, werden erst 25 Prozent der Kontakte protokolliert. Die EU-Kommission hat dazu einen Werkzeugkasten für Contact-Tracing-Apps vorgeschlagen, damit die Apps in einer Art Roaming-Verfahren länderübergreifend verwendet werden können.

Die Möglichkeiten des Trackings und Tracings gehen etwa in Südkorea deutlich weiter: Mit der Auswertung der Handydaten können alle Personen identifiziert und informiert werden, die sich im fraglichen Zeitraum in der Nähe des Infizierten aufgehalten haben, sogar die im öffentlichen Raum installierten Kameras werden gelegentlich herangezogen. Von der Bevölkerung mit ihrem vom Konfuzianismus geprägten Gemeinsinn wird das akzeptiert. Solche Möglichkeiten werden dagegen von europäischen Bürgern reflexhaft abgelehnt – auch von jenen, die einem Lockdown und damit einer viel weiter gehenden Aufhebung von Grundrechten zugestimmt haben.

In China und Korea werden auch QR-Codes eingesetzt, um das Weiterführen von Kulturveranstaltungen, Nachtklubs, Kirchen und Discos trotz Infektionsrisiko möglich zu machen: Jeder kann rein, und wenn ein Infizierter unter den Besuchern war, werden alle informiert.

Wir sollten solche Möglichkeiten ohne Scheuklappen diskutieren und sie mit der Aufhebung der Grundrechte auf Bildung, Berufsausübung, Teilnahme an Kultur und Religion sowie Kontakt zu den Liebsten für alle vergleichen. Es wird weitere Pandemiewellen geben – ob durch SARS-CoV-2 oder das nächste Virus, ist nicht so bedeutsam.

Ein Neubeginn?

»Vielleicht war der Virus nur ein Sendbote aus der Zukunft«, schreibt Matthias Horx in seinem Corona-Buch. »Seine drastische Botschaft lautet: Die menschliche Zivilisation ist zu dicht, zu schnell, zu überhitzt geworden. Sie rast zu sehr in eine bestimmte Richtung, in der es keine Zukunft gibt.

Aber sie kann sich neu erfinden. System reset.«[404]

Der Befund ist wohl richtig, und das empfinden viele. Wahrscheinlich ist das auch ein Grund für die breite Zustimmung zum Lockdown: Wir alle spüren, dass die Industriegesellschaft unsere

Erde an die Wand fährt. Wir rasen auf die Klimakatastrophe zu. Wir versuchen die Flüchtlingsströme, die durch wachsende Ungleichheit und Kriege entstehen, mit Polizeimethoden einzudämmen und wissen, dass das nicht klappen kann. Wir spüren Vereinzelung. Und wir merken, wie wenig realistischer Spielraum zur substanziellen Veränderung da ist. Reformen werden flugs mit der fatalen Wachstumslogik des Turbokapitalismus vom System inhaliert. Wir fahren auf die Wand zu und keiner findet die Bremse.

Nun konnten wir handeln: Stopp für alles. Zur Lebensrettung. Monatelang.

Nach der Rückkehr der relativen Vernunft könnten wir jetzt aber ebenfalls handeln:

Die Wirtschaft liegt weltweit auf Jahre am Boden, die Arbeitslosigkeit wird auf einem Rekordniveau bleiben. Nötige Förderungen können an ökologische Auflagen gebunden werden, ein bedingungsloses Grundeinkommen soziale Stabilität schaffen – und den Niedriglohnsektor reduzieren. Die Arbeitszeit könnte so deutlich reduziert werden, dass auch mit der Digitalisierung Vollbeschäftigung wieder möglich wird.

Wir können verhindern, dass weiter zwei Drittel *unserer* Äcker dort stehen, wo die Menschen nicht genug zu essen haben – im Globalen Süden. Die Agrarindustrie zerstört dort die Lebenschancen der Menschen ebenso wie die Artenvielfalt – und dies ist wiederum die Hauptursache für »Zoonosen«, das Überspringen von für Tiere harmlosen Viren auf den Menschen. Die regionale Versorgung mit saisonalen Lebensmitteln ist aus ökologischen und ökonomischen Gründen sinnvoll und nötig. Nur so kann auch eine bäuerliche und handwerkliche Produktion in Europa überleben.

Wir brauchen ein öffentliches Gesundheitswesen mit gut ausgebildeten und bezahlten Mitarbeitern, das auch in der Lage ist, bei der Eindämmung von Epidemien die Kernarbeit zu leisten. Und es muss sichergestellt werden, dass lebenswichtige Produkte wie

Medikamente und Schutzkleidung regional produziert werden. Importiert darf obendrein nur werden, was unter sozial und ökologisch verträglichen Bedingungen hergestellt wurde.

Aber noch wesentlicher ist es, nicht erst zu reagieren, wenn eine Pandemie entstanden ist. Auch hier ist Vorbeugung möglich. Forschern und Politikern ist längst klar geworden: Die Impfstoff-Entwicklung kann mit dem Wachstum der Menschheit und dem Vordringen in die Natur nicht mithalten. Es braucht ganzheitliche Ansätze, die darauf abzielen, der Natur ihren Raum zu lassen, die lokale Bevölkerung zu sensibilisieren und die Gesundheitssysteme angemessen auf mögliche Krankheitsausbrüche auszurichten. Das dazugehörige Schlagwort »One Health« geistert schon seit ein paar Jahren auf Kongressen und in Forschungseinrichtungen umher. Es braucht nun konkrete Umsetzung.

Neben dem Monitoring neu auftretender Virenstämme arbeiten Forscher in enger Abstimmung mit lokalen Mikrobiologen, Zoologen, Vertretern der lokalen Behörden und des Gesundheitssystems daran, Konzepte zu entwickeln, wie eine aus dem Gleichgewicht geratene Umwelt wieder ins Lot gerückt werden kann. Denn mit dem wissenschaftlichen Tunnelblick allein auf eine Fachrichtung und der simplen Virenjagd ist in der global und kompliziert gewordenen Welt der Virosphäre nicht mehr viel zu erreichen.

Immerhin: Die radikalen Maßnahmen rund um Corona haben gezeigt, wie handlungsfähig Politik sein kann.

Und die Klimakatastrophe und die explosive globale Ungleichheit bedrohen weit mehr Menschenleben als Corona.

Lasst uns handeln!

Quellen

1 https://www.caixinglobal.com/2019-12-31/outbreak-of-mysterious-lung-disease-sparks-sars-rumors-101499945.html (zuletzt aufgerufen am 30.7.2020)

2 https://www.spiegel.de/politik/ausland/coronavirus-ursprung-in-wuhan-haette-die-pandemie-verhindert-werden-koennen-a-00000000-0002-0001-0000-000170816270 (30.7.2020)

3 https://www.ilpost.it/2020/06/08/origini-coronavirus/ (30.7.2020)

4 New York Times, 22.3.2020

5 Fang Fang: Wuhan Diary. Tagebuch aus einer gesperrten Stadt, Hoffmann und Campe: Hamburg (Mai) 2020

6 https://www.sueddeutsche.de/gesundheit/krankheiten-angst-vor-virus-china-schottet-37-millionen-menschen-ab-dpa.urn-newsml-dpa-com-20090101-200124-99-608771 (30.7.2020)

7 https://www.sueddeutsche.de/gesundheit/krankheiten-coronavirus-in-china-ein-rennen-gegen-den-tod-dpa.urn-newsml-dpa-com-20090101-200205-99-784876 (30.7.2020)

8 dpa-Newskanal, 4.2.2020

9 https://www.sueddeutsche.de/kultur/coronavirus-isolation-quarantaene-1.4776197 (30.7.2020)

10 »The possible origins of 2019-nCoV coronavirus«, publiziert am 14.2.2020 auf »Researchgate«, gelöscht am 15.2.2020

11 https://www.washingtonpost.com/opinions/global-opinions/how-did-covid-19-begin-its-initial-origin-story-is-shaky/2020/04/02/1475d488-7521-11ea-87da-77a8136c1a6d_story.html (30.7.2020)

12 https://www.thelancet.com/journals/lancet/article/PIIS0140-6736(20)30183-5/fulltext (30.7.2020)

13 https://www.tagesspiegel.de/wissen/viren-experte-zu-wuhan-virus-aus-china-noch-bin-ich-nicht-sehr-besorgt/25451756.html (30.7.2020)

14 https://www.tagesschau.de/inland/coronavirus-deutschland-101.html (7.6.2020)

15 Ebd.

16 Tagesschau.de (11.6.2020)

17 https://dipbt.bundestag.de/dip21/btd/17/120/1712051.pdf (24.7.2020)

18 https://www.dw.com/de/wie-deutschland-die-corona-gefahr-unterschätzt-hat/a-53472614 (30.7.2020)

19 https://www.sueddeutsche.de/politik/coronavirus-wuhan-china-1.4771921 (30.7.2020)

20 Ebd.

21 https://www.nachrichten.at/panorama/chronik/coronavirus-drei-verdachtsfaelle-einsatzstab-tagte;art58,3217934 (30.7.2020)

22 Interview für JAMA, siehe https://www.esicm.org/blog/?p=2626 (30.7.2020)

23 Interview von www.gaborsteingart.com (19.3.2020)

24 Karin Mölling: Supermacht des Lebens. Reisen in die erstaunliche Welt der Viren, C.H. Beck: München 2015

25 Ebd.

26 https://www.riffreporter.de/der-weg-zum-menschen/viren-evolution-homo-sapiens/ (30.7.2020)

27 Ebd.

28 https://www.ncbi.nlm.nih.gov/pmc/articles/PMC7093845/ (30.7.2020)

29 Nathan Wolfe: Virus. Die Wiederkehr der Seuchen, Reinbek: Rowohlt 2012

30 Timo Sieber, Helga Hofmann-Sieber: Wilde Gene. Vom verborgenen Leben in uns, Reinbek: Rowohlt 2016 (E-Book, Ps. 2760)

31 Ebd.

32 https://www.nature.com/news/giant-viruses-open-pandora-s-box-1.13410 (30.7.2020)

33 Spektrum kompakt: Viren – Meister der feindlichen Übernahme

34 https://www.nature.com/articles/d41586-020-01315-7#ref-CR13 (30.7.2020); https://www.spektrum.de/news/woher-kommt-das-coronavirus-und-was-tut-es-als-naechstes/1733810 (30.7.2020)

35 https://www.spiegel.de/wissenschaft/medizin/was-die-corona-pandemie-von-frueheren-seuchen-unterscheidet-a-00000000-0002-0001-0000-000170518602 (30.7.2020)

36 https://pubmed.ncbi.nlm.nih.gov/15650185/ (30.7.2020)

37 https://www.tirol.at/reisefuehrer/veranstaltungen/events/e-top-of-the-mountain-closing-concert-ischgl (3.6.2020)

38 https://www.kuhstallwahnsinn.at (3.6.2020)

39 https://www.telegraph.co.uk/global-health/science-and-disease/
uk-patient-zero-east-sussex-family-may-have-infected-coronavirus/
(3.6.2020)

40 Ebd.

41 https://www.wienerzeitung.at/nachrichten/politik/
oesterreich/2061550-Protokoll-einer-Katastrophe.html (2.6.2020)

42 Ebd.

43 Verordnung des Bundesministers für Soziales, Gesundheit, Pflege
und Konsumentenschutz (BMSGPK) vom 26.1.2020 (BGBl II Nr.
15/2020)

44 Zitiert nach: https://www.wienerzeitung.at/nachrichten/politik/
oesterreich/2061550-Protokoll-einer-Katastrophe.html (2.6.2020)

45 Zitiert nach ebd.

46 https://www.ages.at/service/service-presse/pressemeldungen/ages-
zur-epidemiologischen-abklaerung-des-cluster-s/ (aktualisiert am
21.4.2020, gelesen am 4.6.2020)

47 Am Schauplatz: Ausnahmezustand in Ischgl, ORF, Sendung vom
2.4.2020

48 https://edition.cnn.com/2020/03/24/europe/austria-ski-resort-
ischgl-coronavirus-intl/index.html (3.6.2020)

49 Ebd.

50 Anzeige des Verbraucherschutzvereins an die Wirtschafts- und
Korruptionsstaatsanwaltschauft Wien, 6.6.2020

51 Ebd.

52 Polizeiprotokoll, zitiert nach: Anzeige des Verbraucherschutzvereins
an die Wirtschafts- und Korruptionsstaatsanwaltschaft Wien,
6.6.2020

53 Am Schauplatz: Ausnahmezustand in Ischgl, ORF, Sendung vom
2.4.2020

54 Ebd.

55 Anzeige des Verbraucherschutzvereins an die Wirtschafts- und
Korruptionsstaatsanwaltschauft Wien, 6.6.2020

56 https://www.profil.at/oesterreich/ischgl-apres-ski-bars-ignorierten-
sperre-behoerden-schauten-zu/400933058 (6.6.2020)

57 https://www.ifw-kiel.de/de/experten/ifw/gabriel-felbermayr/apres-
ski-the-spread-of-coronavirus-from-ischgl-through-germany-12267/
(3.6.2020)

58 Ebd.

59 Karin Mölling: Viren. Supermacht des Lebens, C.H. Beck: München 2020

60 https://www.wissenschaft.de/gesundheit-medizin/sind-viren-lebendig/ (30.7.2020)

61 https://www.nzz.ch/forscher_basteln_rna_im_labor-1.2592462 (30.7.2020)

62 https://www.ncbi.nlm.nih.gov/pmc/articles/PMC7159740/ (30.7.2020)

63 https://pubmed.ncbi.nlm.nih.gov/24330969/ (30.7.2020)

64 Karin Mölling: Viren. Supermacht des Lebens, C.H. Beck: München 2020

65 https://idw-online.de/de/news720275 (30.7.2020)

66 https://www.nature.com/news/2006/061030/full/061030-4.html (30.7.2020); https://www.tagesspiegel.de/wissen/retroviren-uraltes-menschliches-virus-wiedererweckt/1007414.html (30.7.2020)

67 https://www.nature.com/articles/s41579-019-0189-2 (30.7.2020)

68 Spektrum kompakt: Viren – Meister der feindlichen Übernahme

69 https://www.pharmazeutische-zeitung.de/ausgabe-072010/parasiten-im-genom/ (30.7.2020)

70 https://www.scinexx.de/dossierartikel/mehr-virus-als-mensch/ (30.7.2020)

71 https://www.scinexx.de/dossierartikel/geheime-helfer/ (30.7.2020); https://www.riffreporter.de/der-weg-zum-menschen/viren-evolution-homo-sapiens/ (30.7.2020)

72 https://www.ncbi.nlm.nih.gov/pmc/articles/PMC7093845/ (30.7.2020)

73 https://science.sciencemag.org/content/351/6277/1083 (30.7.2020)

74 https://www.ncbi.nlm.nih.gov/pmc/articles/PMC7093845/ (30.7.2020)

75 https://www.sueddeutsche.de/wissen/viren-gene-im-erbgut-sie-sind-in-uns-1.981606 (30.7.2020); https://www.wissenschaft-aktuell.de/artikel/Ungewoehnliche_Virus_Spuren_im_menschlichen_Erbgut1771015586987.html (30.7.2020)

76 https://www.tagesspiegel.de/wissen/ursprung-des-lebens-am-anfang-war-das-virus/11867530.html (30.7.2020)

77 https://www.spektrum.de/news/ein-uraltes-virus-hilft-uns-offenbar-beim-lernen/1532117 (30.7.2020)

78 https://pubmed.ncbi.nlm.nih.gov/26380114/?from_term=arc+protein+brain+2015&from_filter=pubt.review&from_sort=date&from_pos=4 (24.7.2020)

79 https://www.centerforhealthsecurity.org/event201/ (4.6.2020)

80 https://www.centerforhealthsecurity.org/event201/event201-resources/mcm-fact-sheet-191009.pdf (10.6.2020)

81 https://www.centerforhealthsecurity.org/event201/videos.html (10.6.2020)

82 https://www.who.int/influenza/publications/public_health_measures/publication/en/ (1.6.2020)

83 https://www.ecdc.europa.eu/en/publications-data/guide-public-health-measures-reduce-impact-influenza-pandemics-europe-ecdc-menu (30.7.2020)

84 Persönliches Interview, 31.6.2020

85 https://www.gaborsteingart.com/podcast/https-dasmorningbriefing-podigee-io-430-neue-episode/?wp-nocache=true&fbclid=IwAR3a9d2P216x9VT8rcoDc_gUN-P0yUtyJD1OJtYF1S27_ZOE77FYQ6qraRo (30.7.2020)

86 Wiener klinische Wochenschrift: Emergence of Coronavirus disease 2019 (COVID-19) in Austria, Draft 06/2020

87 http://www.dwh.at/blog/niki-popper-als-experte-im-osterreichischen-tv/ (30.7.2020)

88 https://www.sueddeutsche.de/gesundheit/krankheiten-experte-erwartet-60-bis-70-prozent-infizierte-in-deutschland-dpa.urn-newsml-dpa-com-20090101-200228-99-108884 (30.7.2020)

89 WHO Situation Report, 26.2.2020. Online: https://bit.ly/3eJe4c3 (30.7.2020)

90 Persönliches Gespräch, 29.6.2020

91 https://www.csh.ac.at/csh-policy-brief-coronavirus-kapazitaetsengpaesse-spitalsbetten/ (30.7.2020)

92 Persönliches Gespräch, 26.6.2020

93 https://thehealthcareblog.com/blog/2020/07/09/a-conversation-with-john-ioannidis/ (30.7.2020)

94 Interview bei Markus Lanz, ZDF, 17.6.2020

95 Persönliches Gespräch, 25.6.2020

96 AGES, Wien 2020, »Cluster« A, Beginn 24.2.2020, bis 12.3.2020

97 https://science.sciencemag.org/content/368/6490/489 (30.7.2020)

98 New Scientist, 16.3.2020

99 https://www.nature.com/articles/d41586-020-01812-9 (24.6.2020)

100 https://www.researchprofessionalnews.com/rr-news-uk-politics-2020-6-experts-slam-transparency-and-precision-of-covid-19-models/ (30.7.2020)

101 https://www.csh.ac.at/csh-policy-brief-coronavirus-kapazitaetsengpaesse-spitalsbetten/ (30.7.2020)

102 Verfassungsgerichtshof des Saarlandes, Beschluss vom 28. April 2020

103 https://www.vfgh.gv.at/medien/Covid_Entschaedigungen_Betretungsverbot.de.php (30.7.2020)

104 https://www1.wdr.de/uebersicht-kreis-guetersloh-100.html (30.7.2020)

105 https://www.krone.at/2127340 (30.7.2020)

106 Interne Sitzungsprotokolle des Beraterstabes der Taskforce Corona, zitiert nach Falter 20/20 vom 12.5.2020

107 Ebd.

108 Persönliches Gespräch, 7.7.2020

109 https://www.tagesanzeiger.ch/bund-muss-in-seiner-todesfallstatistik-fehler-korrigieren-584308129723 (30.7.2020)

110 https://correctiv.org/faktencheck/2020/03/20/dieses-foto-zeigt-keine-saerge-von-menschen-die-in-italien-durch-das-coronavirus-gestorben-sind (30.7.2020)

111 https://www.vice.com/de/article/3a8ymy/coronavirus-italien-wohin-mit-den-toten (30.7.2020)

112 https://www.sueddeutsche.de/kultur/kehlmann-interview-coronavirus-1.4898386 (30.7.2020)

113 Kyle Harper: Fatum. Das Klima und der Untergang des Römischen Reiches, C.H. Beck: München 2020

114 https://www.mdr.de/zeitreise/geschichte-quarantaene-isolation-epidemie-corona-100.html (30.7.2020)

115 https://www.ndr.de/geschichte/chronologie/Pest-Cholera-Corona-Quarantaene-im-Wandel-der-Zeit,quarantaene100.html (30.7.2020)

116 https://jamanetwork.com/journals/jama/fullarticle/208354 (11.6.2020)

117 https://www.chicagotribune.com/coronavirus/ct-nw-nyt-social-distancing-coronavirus-20200422-fmn6ottz65gz7h2b0634be3f5u-story.html (11.6.2020)

118 https://www.fr.de/panorama/corona-gefaengnis-wegen-verstoss-gegen-ausgansbeschraenkung-zr-13603913.html (30.7.2020)

119 https://www.sueddeutsche.de/gesundheit/gesundheit-stuttgart-
kretschmann-melden-von-corona-verstoessen-ist-sinnvoll-dpa.
urn-newsml-dpa-com-20090101-200331-99-537774 (30.7.2020)

120 Google mobility, berechnet von Agenda Austria, gelesen am
29.6.2020

121 https://ibz-shiny.ethz.ch/covid-19-re/ (30.7.2020)

122 https://science.orf.at/stories/3200847/ (30.7.2020)

123 Persönliches Gespräch, 25.6.2020

124 https://www.medrxiv.org/content/10.1101/2020.04.16.20062141v3.full.
pdf (30.7.2020)

125 Persönliches Gespräch, 31.6.2020

126 Persönliches Interview, 31.6.2020

127 Modellrechnung des Robert-Koch-Instituts zur Effektivität der
Nachverfolgung (Containment): M. an der Heiden & U. Buchholz
(2020): Modellierung von Beispielszenarien der SARS-CoV-2-
Epidemie 2020 in Deutschland. doi: 10.25646/6571.2

128 https://www.spektrum.de/news/wie-viren-unseren-darm-
beherrschen/1426006 (30.7.2020)

129 https://www.trillium.de/zeitschriften/trillium-diagnostik/ausgaben-
2019/td-heft-42019/schwerpunkt/das-intestinale-virom-das-grosse-
unbekannte.html (30.7.2020)

130 Wunderwaffe Mikrobiom. Kleine Helfer – große Wirkung. 3sat

131 https://www.helmholtz-hzi.de/de/wissen/wissensportal/unser-
immunsystem/das-mikrobiom/ (30.7.2020)

132 Spektrum kompakt: Viren – Meister der feindlichen Übernahme

133 https://jb.asm.org/content/185/20/6220 (30.7.2020)

134 https://www.frontiersin.org/articles/10.3389/fmicb.2015.00918/full
(30.7.2020)

135 https://www.ncbi.nlm.nih.gov/pmc/articles/PMC4710368/
(4.8.2020)

136 http://bioinfowelten.uni-jena.de/2019/07/05/virale-mitbewohner-
im-darm-mehr-als-durchfall-und-erbrechen/ (4.8.2020)

137 https://www.aerzteblatt.de/nachrichten/112015/Gestillte-Saeuglinge-
haben-weniger-Viren-im-Darm?rt=679bb778c9fd22fdf40041889d4d
d4c4 (3.8.2020)

138 https://www.sciencedirect.com/science/article/pii/
S0092867415000033 (30.7.2020)

139 https://www.ages.at/themen/krankheitserreger/clostridium-difficile/ (30.7.2020)

140 https://www.rki.de/DE/Content/Service/Presse/ Pressemitteilungen/2019/14_2019.html (30.7.2020)

141 https://www.nejm.org/doi/10.1056/NEJMc1303919 (30.7.2020)

142 https://www.nejm.org/doi/full/10.1056/NEJMoa1205037 (30.7.2020)

143 https://www.ncbi.nlm.nih.gov/pmc/articles/PMC5868238/ (30.7.2020)

144 Persönliches Interview, 19.6.2020

145 https://www.dw.com/de/südkoreas-wirtschaft-im-corona-modus/a-53425701 (30.7.2020)

146 Zitiert nach: Süddeutsche Zeitung vom 4.6.2020

147 Zitiert nach ebd.

148 https://www.thelancet.com/journals/lanpub/article/PIIS2468-2667(20)30090-6/fulltext (30.7.2020)

149 China-USA: Spielball WHO, ARTE-Dokumentation, gesendet am 31.6.2020

150 https://www.sn.at/politik/weltpolitik/taiwan-hat-corona-im-griff-86797675 (30.7.2020)

151 https://ourworldindata.org/covid-exemplar-vietnam (30.7.2020)

152 https://www.dw.com/de/wie-japan-covid-19-unter-kontrolle-hält/a-52896128 (30.7.2020)

153 Zitiert nach: Addendum, 24.4.2020

154 Zitiert nach ebd.

155 https://www.br.de/nachrichten/wirtschaft/corona-krise-schwedischer-weg-besser-fuer-die-wirtschaft,RzhmQP2 (30.7.2020)

156 https://oceans.taraexpeditions.org/m/science/les-actualites/tara-go-see/ (30.7.2020)

157 https://www.wissenschaft.de/umwelt-natur/wie-es-in-den-meeren-von-viren-wimmelt/ (30.7.2020)

158 Ebd.

159 https://www.cell.com/cell/fulltext/S0092-8674(19)30341-1?_returnURL=https%3A%2F%2Flinkinghub.elsevier.com%2Fretrieve%2Fpii%2FS0092867419303411%3Fshowall%3Dtrue (30.7.2020)

160 https://news.osu.edu/researchers-detail-marine-viruses-from-pole-to-pole/ (30.7.2020)

161 https://science.orf.at/v2/stories/2978315/ (30.7.2020)

162 https://www.nature.com/articles/news031215-2 (30.7.2020)

163 https://www.woz.ch/-648a (30.7.2020)

164 https://www.scinexx.de/news/geowissen/emiliania-huxleyi-ist-alge-des-jahres/ (30.7.2020)

165 https://www.bigelow.org/news/articles/2020-04-03.html (30.7.2020)

166 https://www.diepresse.com/1556827/viren-algen-und-flamingos (30.7.2020); https://www.nature.com/articles/ismej2013241 (30.7.2020)

167 https://www.innovations-report.de/html/berichte/ biowissenschaften-chemie/symbiose-als-dreiecksbeziehung.html (30.7.2020)

168 Ebd.

169 https://www.innovations-report.de/html/berichte/ biowissenschaften-chemie/viren-beeinflussen-funktionen-im-marinen-oekosystem.html (30.7.2020)

170 https://dash.harvard.edu/bitstream/handle/1/42669767/ Satellite_Images_Baidu_COVID19_manuscript_DASH. pdf?sequence=3&isAllowed=y (30.7.2020)

171 Persönliche Korrespondenz, 27.6.202

172 https://www.merkur.de/welt/italien-corona-ausbruch-patient-null-abwasser-studie-test-iss-dezember-frankreich-europa-covid-19-zr-13804104.html (30.7.2020)

173 https://www.reuters.com/article/us-health-coronavirus-italy-timing-idUSKBN21D2IG (30.7.2020)

174 https://www.sciencedirect.com/science/article/pii/ S0924857920301643 (30.7.2020); https://www.aerzteblatt.de/ nachrichten/112623/COVID-19-Erste-Erkrankung-in-Frankreich-bereits-Ende-Dezember?rt=679bb778c9fd22fdf40041889d4dd4c4 (30.7.2020)

175 https://www.francetvinfo.fr/sante/maladie/coronavirus/je-suis-un-miracule-malade-en-decembre-amirouche-hammar-a-appris-recemment-qu-il-etait-le-patient-zero-du-covid-19-en-france_3952583.html (30.7.2020)

176 Persönliche Korrespondenz, 18.6.2020

177 https://www.swr.de/swraktuell/baden-wuerttemberg/suedbaden/ patient-null-im-elsass-100.html (30.7.2020)

178 https://www.infochretienne.com/pour-paris-match-samuel-peterschmitt-est-un-pasteur-crucifie-sans-raison/ (30.7.2020)

179 https://www.parismatch.com/Actu/Societe/Coronavirus-Le-rassemblement-evangelique-de-Mulhouse-accuse-a-tort-Nos-revelations-1686140 (30.7.2020)

180 https://www.lefigaro.fr/politique/c-est-terrible-le-temoignage-glacant-de-jean-rottner-medecin-et-president-de-la-region-grand-est-20200315 (30.7.2020)

181 https://www.franceinter.fr/emissions/la-personnalite-de-la-semaine/la-personnalite-de-la-semaine-28-mars-2020 (30.7.2020)

182 https://www.lemonde.fr/planete/article/2020/04/04/coronavirus-la-seine-saint-denis-confrontee-a-une-inquietante-surmortalite_6035555_3244.html (30.7.2020)

183 Ebd.

184 https://www.monde-diplomatique.fr/2020/04/GRIMALDI/61590 (30.7.2020)

185 https://www.lemonde.fr/sante/article/2020/04/09/on-n-avait-pas-de-consigne-on-travaillait-comme-d-habitude-a-l-ehpad-la-rosemontoise-la-gestion-desastreuse-du-coronavirus_6036052_1651302.html (30.7.2020)

186 https://www.lemonde.fr/societe/article/2020/04/23/ehpad-les-morts-les-familles-et-le-mur-du-silence_6037517_3224.html (30.7.2020)

187 https://www.rtl.fr/actu/politique/coronavirus-la-france-n-etait-pas-assez-preparee-a-la-crise-reconnait-macron-7800393638 (30.7.2020)

188 http://www.vita.it/it/article/2020/04/04/la-denuncia-di-uneba-cosi-in-lombardia-si-e-acceso-il-fuoco-nelle-rsa/154874/ (30.7.2020)

189 https://www.nextquotidiano.it/tre-delibere-lombardia-strage-pio-albergo-trivulzio-rsa/ (30.7.2020)

190 https://www.youtube.com/watch?v=xt2KtEB3am4 (30.7.2020)

191 https://milano.repubblica.it/cronaca/2020/05/06/news/trivulzio_bergamaschini_medico_contagiato_ricoverato_aveva_denunciato_mancanza_mascherine-255849408/ (30.7.2020)

192 https://milano.repubblica.it/cronaca/2020/05/11/news/coronavirus_in_lombardia_la_mappa_dei_contagi_nelle_rsa_un_ospite_su_tre_e_positivo-256315063/ (30.7.2020)

193 https://ltccovid.org/2020/04/12/mortality-associated-with-covid-19-outbreaks-in-care-homes-early-international-evidence/ (30.7.2020)

194 https://thehealthcareblog.com/blog/2020/07/09/a-conversation-with-john-ioannidis/ (30.7.2020)

195 https://science.orf.at/stories/3200557/ (30.7.2020)

196 https://www.ndr.de/nachrichten/niedersachsen/braunschweig_harz_goettingen/Weiterhin-kritische-Corona-Lage-in-Heimen,corona2760.html (30.7.2020)

197 https://brf.be/national/1384361/ (30.7.2020)

198 https://www.rtbf.be/info/societe/detail_coronavirus-pourquoi-la-belgique-avait-si-peu-de-tests-de-depistage-au-debut-de-l-epidemie?id=10486754 (4.8.2020)

199 https://www.aerzteblatt.de/nachrichten/113675/COVID-19-Sterblichkeit-unter-Pflegebeduerftigen-fuenfzigmal-hoeher?rt=679bb778c9fd22fdf40041889d4dd4c4 (3.8.2020)

200 https://www.spiegel.de/politik/ausland/corona-in-belgien-hohe-todeszahlen-das-belgische-corona-raetsel-a-02619af7-c902-4277-a420-b82eae86f643 (30.7.2020)

201 https://www.worldometers.info/coronavirus/#countries (3.8.2020)

202 https://www.bbc.com/news/world-europe-52491210 (30.7.2020)

203 Ebd.

204 https://www.brusselstimes.com/all-news/belgium-all-news/107216/coronavirus-how-did-belgium-get-the-highest-mortality-rate/ (30.7.2020)

205 https://jamanetwork.com/journals/jamanetworkopen/fullarticle/2767010?utm_campaign=articlePDF&utm_medium=articlePDFlink&utm_source=articlePDF&utm_content=jamanetworkopen.2020.11834 (30.7.2020)

206 https://www.air-q.com/blog/harvard-studie-luftverschmutzung-erhoeht-todesrate-coronavirus (30.7.2020)

207 https://ehjournal.biomedcentral.com/articles/10.1186/1476-069X-2-15 (30.7.2020)

208 https://www.cnbc.com/2020/03/28/coronavirus-new-york-orders-thousands-of-manually-operated-pump-ventilators.html (30.7.2020)

209 Persönliches Gespräch, 31.6.2020

210 https://www.thelancet.com/journals/lanres/article/PIIS2213-2600(20)30079-5/fulltext (30.7.2020)

211 https://www.aerzteblatt.de/nachrichten/111829/COVID-19-Ein-Viertel-aller-Intensivpatienten-in-der-Lombardei-gestorben (30.7.2020)

212 https://www.icnarc.org/Our-Audit/Audits/Cmp/Reports (30.7.2020)

213 https://jamanetwork.com/journals/jama/fullarticle/2767021 (30.7.2020)

214 Persönliches Gespräch, 31.6.2020

215 https://www.ncbi.nlm.nih.gov/pmc/articles/PMC7151271/ (30.7.2020)

216 https://www.nytimes.com/2020/05/12/magazine/didier-raoult-hydroxychloroquine.html?referringSource=articleShare (30.7.2020)

217 https://de.wikipedia.org/wiki/Chloroquin#Geschichte (30.7.2020)

218 https://volksblatt.at/coronavirus-mediziner-unterbrechen-studie-mit-medikament/ (30.7.2020)

219 https://www.aifa.gov.it/-/aifa-sospende-l-autorizzazione-all-utilizzo-di-idrossiclorochina-per-il-trattamento-del-covid-19-al-di-fuori-degli-studi-clinici (30.7.2020)

220 https://www.ilfattoquotidiano.it/2020/04/28/coronavirus-da-nord-a-sud-1039-pazienti-trattati-a-casa-con-idrossiclorochina-il-punto-sulla-sperimentazione-crollo-dei-ricoveri/5783544/ (30.7.2020)

221 Stand 20.6.2020

222 https://www.facebook.com/groups/noidenunceremo/permalink/3152154754823503/ (30.7.2020)

223 Karin Mölling: Supermacht des Lebens. Reisen in die erstaunliche Welt der Viren, C.H. Beck: München 2015

224 https://www.zeit.de/2020/22/corona-pandemie-wildtiere-wald-infektion-menschen (30.7.2020)

225 Laura Spinney: 1918. Die Welt im Fieber. Wie die Spanische Grippe die Gesellschaft veränderte, Hanser: München 2018, S. 292

226 https://www.hykomed.de/wp-content/uploads/2020/05/Eine-kleine-Geschichte-der-Grippe-1.pdf (30.7.2020)

227 https://www.nature.com/articles/nature13016 (30.7.2020)

228 Laura Spinney: 1918. Die Welt im Fieber. Wie die Spanische Grippe die Gesellschaft veränderte, Hanser: München 2018, S. 49

229 Ebd., S. 239

230 https://www.pnas.org/content/111/22/8107 (30.7.2020)

231 https://www.ncbi.nlm.nih.gov/books/NBK22148/ (30.7.2020)

232 https://www.jstor.org/stable/24573270?seq=18#metadata_info_tab_contents, »Pandemie ohne Drama« (30.7.2020)

233 https://www.nejm.org/doi/full/10.1056/NEJMp058068 (30.7.2020)

234 https://www.lbv.de/ratgeber/naturwissen/vogelgrippe/vogelgrippe-und-wildvoegel/ (30.7.2020)

235 https://www.nlga.niedersachsen.de/startseite/infektionsschutz/krankheitserreger_krankheiten/vogelgrippe_aviare_influenza/vogelgrippe-19368.html (30.7.2020)

236 https://de.wikipedia.org/wiki/
Weltgesundheitsorganisation#Auftrag_und_Ziele (30.7.2020)

237 https://www.profil.at/home/schreckgespenst-vogelgrippe-serioese-
wissenschafter-hysterie-127529 (30.7.2020)

238 https://www.spiegel.de/wissenschaft/schweinegrippe-die-pandemie-
die-keine-war-a-00000000-0002-0001-0000-000170874376
(30.7.2020)

239 https://de.wikipedia.org/wiki/Pandemie_H1N1_2009/10 (30.7.2020)

240 https://www.spiegel.de/wissenschaft/schweinegrippe-die-pandemie-
die-keine-war-a-00000000-0002-0001-0000-000170874376
(30.7.2020)

241 https://www.spektrum.de/news/sind-masern-ein-produkt-der-
ersten-grossstaedte/1745162 (30.7.2020)

242 Persönliches Gespräch, 30.6.2020

243 https://journals.plos.org/plosntds/article?id=10.1371/journal.
pntd.0004648#pntd.0004648.ref001 (8.6.2020)

244 http://www.fao.org/3/ai554e/ai554e00.pdf (8.6.2020)

245 Persönliches Gespräch, 7.7.2020

246 Zitiert nach: https://www.theguardian.com/science/2020/jun/03/
jane-goodall-humanity-is-finished-if-it-fails-to-adapt-after-
covid-19 (8.6.2020)

247 Persönliches Gespräch, 7.7.2020

248 https://link.springer.com/article/10.1007%2Fs10460-020-10104-x
(8.6.2020)

249 https://journals.plos.org/plospathogens/article?id=10.1371/journal.
ppat.1006698 (30.7.2020)

250 China-USA: Spielball WHO. ARTE-Dokumentation, gesendet am
31.6.2020

251 https://www.who.int/csr/sars/country/table2004_04_21/en/
(30.7.2020)

252 https://www.heise.de/tp/features/Wird-Covid-19-wie-Sars-
verschwinden-4776747.html (30.7.2020)

253 https://www.bpb.de/politik/innenpolitik/coronavirus/308483/
pandemien-umwelt-und-klima (23.7.2020)

254 https://www.spiegel.de/wissenschaft/medizin/34-menschen-bei-
ausbruch-des-ebola-virus-in-guinea-gestorben-a-960245.html
(12.6.2020)

255 https://www.tagesspiegel.de/gesellschaft/panorama/beerdigung-von-ebola-opfern-in-guinea-ein-einziger-fehler-kann-toedlich-sein/10908840.html (12.6.2020)

256 https://www.ovb-online.de/weltspiegel/internationaler-gesundheitsnotfall-3767388.html (12.6.2020)

257 https://wien.orf.at/v2/news/stories/2664214/ (23.7.2020)

258 https://www.zeit.de/2014/44/ebola-virus-krankheit-enstehung (12.6.2020)

259 https://de.statista.com/statistik/daten/studie/314372/umfrage/weltweite-ausbrueche-des-ebola-virus-nach-fallzahlen-und-todesfaellen/ (12.6.2020)

260 https://www.bbc.com/news/world-africa-29239604 (23.7.2020)

261 https://www.flugrevue.de/zivil/icao-meldet-zahlen-fuer-2018-erneutes-rekordjahr-fuer-die-zivile-luftfahrt/ (23.7.2020)

262 Persönliches Gespräch, 30.6.2020

263 https://www.zdf.de/nachrichten/politik/coronavirus-risiko-gigerenzer-100.html (23.7.2020)

264 https://themavorarlberg.at/gesellschaft/wochenlang-unkritisch-berichtet?fbclid=IwAR1_mUCkj5reeRyq9KO5kZXYuFeGLlLbIwxd52_vKIQ8QZ7KntZEg7d902Q (30.7.2020)

265 http://www.mpellert.at/covid19_monitor_austria/ (13.7.2020)

266 Persönliches Gespräch, 8.5.2020

267 https://papers.ssrn.com/sol3/papers.cfm?abstract_id=3592372 (13.7.2020)

268 https://psyarxiv.com/uacfj/ (13.7.2020)

269 https://www.researchgate.net/publication/340736760_Assessing_the_anxiety_level_of_Iranian_general_population_during_COVID-19_outbreak, zitiert in: https://papers.ssrn.com/sol3/papers.cfm?abstract_id=3592372 (13.7.2020)

270 https://medonline.at/psychiatrie/clinicum-neuropsy/n/2020/10054328/nach-der-virologischen-droht-eine-psychische-pandemie/?mo_token=QYofB4CXyY2BlS6i2xWP&utm_source=newsletter&utm_medium=email&utm_campaign=mo_2020_kw19 (13.7.2020)

271 https://www.wienerzeitung.at/nachrichten/politik/oesterreich/2063904-Suechte-durch-Corona-Isolation-massiv-verstaerkt.html (13.7.2020)

272 https://www.br.de/nachrichten/bayern/nuernberger-studie-37-prozent-trinken-seit-corona-mehr-alkohol,S3xABo5 (13.7.2020)

273 http://www.aktiencheck.de/exklusiv/Artikel-Cannabis_Umsaetze_steigen_um_bis_60_Prozent_Branche_seit_Corona_Pandemie_Aufwind-11431056 (13.7.2020)

274 https://wdr.unodc.org/wdr2020/en/drug-supply.html (13.7.2020)

275 https://www.land-oberoesterreich.gv.at/Mediendateien/LK/PKGerstorfer13072020Internet.pdf (14.7.2020)

276 https://wien.orf.at/stories/3045008/ (14.7.2020)

277 https://www.biorxiv.org/content/10.1101/2020.03.25.006643v2 (14.7.2020)

278 Rudolf Likar, Georg Pinter, Herbert Janig: Bereit für das nächste Mal. Wie wir unser Gesundheitssystem ändern müssen, Edition a: Wien 2020, S. 134

279 https://www.sozialministerium.at/dam/jcr:8e275409-747d-43b7-ae9b-1478e2642d79/20200330_Empfehlungen%20zum%20Schutz%20oder%20Krankenanstalten.pdf (3.8.2020)

280 https://www.spiegel.de/panorama/gesellschaft/corona-politik-und-ihre-kollateralschaeden-das-sterben-der-andere n-a-00000000-0002-0001-0000-000171426687 (23.7.2020)

281 https://orf.at/stories/3158051/ (31.7.2020)

282 https://www.handelsblatt.com/politik/deutschland/gesundheitswesen-aerzte-und-kliniken-meldeten-kurzarbeit-fuer-mehr-als-400-000-beschaeftigte-an/26041384.html?utm_source=Krautreporter+Newsletter&utm_campaign=3aa404cc4c-morgenpost-2020-07-29_Nichtmitglieder&utm_medium=email&utm_term=0_9ed711293a-3aa404cc4c-219727273&ticket=ST-15932197-J31RQ2IQbsMHO5U2dK3v-ap6 (3.8.2020)

283 Persönliches Gespräch, 1.7.2020

284 Persönliches Gespräch, 26.6.2020

285 Persönliches Gespräch, 28.6.2020

286 Persönliches Gespräch, 1.7.2020

287 https://www.ncbi.nlm.nih.gov/pmc/articles/PMC7184486/ (14.7.2020)

288 https://www.spiegel.de/panorama/gesellschaft/corona-politik-und-ihre-kollateralschaeden-das-sterben-der-andere n-a-00000000-0002-0001-0000-000171426687 (23.7.2020)

289 https://www.sicardiologia.it/public/Reduction%20of%20 hospitalizations.pdf (23.7.2020)

290 https://doi.org/10.1016/S2352-4642(20)30108-5 (14.7.2020)

291 https://www.euromomo.eu/graphs-and-maps/ (14.7.2020)

292 https://www.economist.com/graphic-detail/2020/07/15/ tracking-covid-19-excess-deaths-across-countries?utm_ campaign=coronavirus-special-edition&utm_ medium=newsletter&utm_source=salesforce-marketing-cloud (25.7.2020)

293 https://www.statistik.at/web_de/presse/123853.html (14.7.2020)

294 https://www.spiegel.de/wirtschaft/soziales/gita-gopinath- iwf-ueber-die-sozialpolitischen-folgen-der-corona- krise-a-00000000-0002-0001-0000-000171773550 (15.7.2020)

295 https://www.arbeitsagentur.de/news/arbeitsmarkt-2020 (23.7.2020)

296 ORF Pressestunde, 12.7.2020

297 https://www.spiegel.de/wirtschaft/soziales/generation-corona-jung- motiviert-abgehaengt-a-00000000-0002-0001-0000-000171037308 (15.7.2020)

298 https://science.orf.at/v2/stories/2990175/ (15.7.2020)

299 https://en.unesco.org/covid19/educationresponse (14.7.2020)

300 https://jamanetwork.com/journals/jama/fullarticle/2766822?guest AccessKey=3e9093ee-f4dc-4cc7-926b-90e5a0d99f1e&utm_ source=silverchair&utm_medium=email&utm_campaign=article_ alert-jama&utm_content=etoc&utm_term=071420 (15.7.2020)

301 https://www.spiegel.de/panorama/gesellschaft/ corona-wie-kinder-in-armut-unter-der-krise- leiden-a-00000000-0002-0001-0000-000170213673 (23.7.2020)

302 https://www.moment.at/story/stephan-schulmeister-corona-krise (15.7.2020)

303 https://de.wfp.org/zero-hunger (16.7.2020)

304 https://www.welthungerhilfe.de/presse/pressemitteilungen/2020/ jahresbericht-2019/ (16.7.2020)

305 https://www.economist.com/asia/2020/05/23/indias-economy-has- suffered-even-more-than-most (16.7.2020)

306 Zitiert nach: https://www.economist.com/international/2020/05/23/ covid-19-is-undoing-years-of-progress-in-curbing-global-poverty (17.7.2020)

307 https://www.zeit.de/2013/42/hunger-unterernaehrung-dossier (17.7.2020)

308 https://www.ncbi.nlm.nih.gov/pmc/articles/PMC5221746/ (23.7.2020)

309 http://scienceblog.at/ein-comeback-der-phagentherapie (23.7.2020)

310 https://www.bfr.bund.de/cm/343/fragen-und-antworten-zu-bakteriophagen.pdf (23.7.2020)

311 https://www.pharmazeutische-zeitung.de/ausgabe-352016/biologische-waffen-gegen-bakterien/ (23.7.2020)

312 https://www.zeit.de/die-antwort/2019-06/phagentherapie-medizin-bakterien-viren-krankheiten-forschung/komplettansicht (23.7.2020)

313 Karin Mölling: Supermacht des Lebens. Reisen in die erstaunliche Welt der Viren, C.H. Beck: München 2015

314 https://www.laborjournal.de/editorials/222.php (23.7.2020)

315 https://www.ncbi.nlm.nih.gov/pubmed/23690590 (30.7.2020); Spektrum kompakt: Viren – Meister der feindlichen Übernahme

316 Robert-Koch-Institut, zit. nach: https://www.tagesschau.de/inland/infektionen-101.html (23.7.2020)

317 https://www.brandeins.de/magazine/brand-eins-wirtschaftsmagazin/2019/marketing/bakteriophagen-phagomed-biopharma-super-viren (23.7.2020)

318 https://www.rbb-online.de/rbbpraxis/rbb_praxis_service/gesundes-wissen/forschung/die-neue-waffe-im-kampf-gegen-multiresistente-keime-.html (23.7.2020)

319 https://www.item.fraunhofer.de/de/presse-medien/presseinformationen/neue-wirkstoffe-gegen-multiresistente-keime.html (23.7.2020)

320 https://innovationsfonds.g-ba.de/projekte/versorgungsforschung/ptmhbp-praktikabilitaetstestung-der-magistralen-herstellung-von-bakteriophagen-zur-therapie-septischer-infektionen-an-der-unteren-extremitaet-phagoflow.251 (23.7.2020)

321 https://www.aerzteblatt.de/archiv/treffer?mode=s&wo=1008&typ=16&aid=210686&s=Bakteriophagen (23.7.2020)

322 https://www.thelancet.com/journals/laninf/article/PIIS1473-3099(18)30482-1/fulltext (23.7.2020)

323 https://www.aerzteblatt.de/archiv/treffer?mode=s&wo=1008&typ=16&aid=210686&s=Bakteriophagen (23.7.2020)

324 Karin Mölling: Supermacht des Lebens. Reisen in die erstaunliche Welt der Viren, C.H. Beck: München 2015

325 https://www.mdpi.com/1999-4915/10/6/288 (3.8.2020)

326 https://www.nzz.ch/wissenschaft/medizin/viren-als-intelligentes-arzneimittel-1.18720988 (23.7.2020); https://www.ncbi.nlm.nih.gov/pmc/articles/PMC6466303/ (23.7.2020)

327 https://www.bfr.bund.de/de/ehec_ausbruch_2011-128212.html (23.7.2020)

328 https://www.vetmeduni.ac.at/de/infoservice/presseinformationen/presseinfo2015/phagen-resistenzen/ (30.7.2020); https://aem.asm.org/content/81/14/4600.long (23.7.2020)

329 https://www.pharmazeutische-zeitung.de/ausgabe-352016/biologische-waffen-gegen-bakterien/ (23.7.2020)

330 https://www.bfr.bund.de/cm/343/fragen-und-antworten-zu-bakteriophagen.pdf (23.7.2020)

331 https://www.nature.com/articles/2206500b0.pdf (23.7.2020)

332 Persönliches Gespräch, 25.6.2020

333 https://www.spiegel.de/wissenschaft/medizin/was-die-corona-pandemie-von-frueheren-seuchen-unterscheidet-a-00000000-0002-0001-0000-000170518602 (23.7.2020)

334 https://www.rki.de/DE/Content/InfAZ/M/MERS_Coronavirus/MERS-CoV.html (23.7.2020)

335 https://theconversation.com/the-mysterious-disappearance-of-the-first-sars-virus-and-why-we-need-a-vaccine-for-the-current-one-but-didnt-for-the-other-137583 (23.7.2020)

336 Ebd.

337 https://www.spektrum.de/news/woher-kommt-das-coronavirus-und-was-tut-es-als-naechstes/1733810 (23.7.2020)

338 https://pubmed.ncbi.nlm.nih.gov/32197085/ (23.7.2020); https://www.nature.com/articles/s41586-020-2313-x (24.7.2020); 338 https://journals.plos.org/plospathogens/article?id=10.1371/journal.ppat.1008421 (24.7.2020)

339 https://www.economist.com/science-and-technology/2020/07/22/the-hunt-for-the-origins-of-sars-cov-2-will-look-beyond-china (30.7.2020)

340 https://www.aerzteblatt.de/nachrichten/114895/Jeder-Vierte-in-Indiens-Hauptstadt-hat-SARS-CoV-2-Antikoerper (30.7.2020)

341 https://www.nature.com/articles/s41591-020-0820-9 (7.7.2020)

342 https://www.nature.com/articles/nm.3985 (7.7.2020)

343 https://www.theatlantic.com/health/archive/2020/06/scientists-predicted-coronavirus-pandemic/613003/ (30.7.2020)

344 https://www.nature.com/articles/s41591-020-0820-9 (7.7.2020)

345 https://www.spektrum.de/news/die-frau-die-coronaviren-jagt/1713320 (7.7.2020)

346 https://www.nytimes.com/2020/06/30/science/how-coronavirus-spreads.html (30.6.2020)

347 Persönliches Gespräch, 30.6.2020

348 Persönliches Gespräch, 25.6.2020

349 https://www.aerzteblatt.de/nachrichten/114701/SARS-CoV-2-Evidenz-spricht-gegen-Ansteckung-ueber-die-Luft (24.7.2020); https://academic.oup.com/cid/article/doi/10.1093/cid/ciaa1057/5877944 (6.8.2020)

350 https://www.medrxiv.org/content/10.1101/2020.04.04.20053058v1 (24.7.2020)

351 https://www.rki.de/DE/Content/InfAZ/N/Neuartiges_Coronavirus/Steckbrief.html#doc13776792bodyText9 (30.7.2020)

352 https://www.nature.com/articles/s41598-019-38808-z (30.6.2020)

353 https://www.sciencemag.org/news/2020/05/why-do-some-covid-19-patients-infect-many-others-whereas-most-don-t-spread-virus-all (1.7.2020)

354 https://futurezone.at/science/tu-wien-corona-superspreader-sind-eigentlich-praktisch/400965029 (1.7.2020)

355 https://www.profil.at/wissenschaft/corona-eine-zwischenbilanz/400961531 (6.7.2020)

356 Persönliches Gespräch, 25.6.2020; https://www.ecdc.europa.eu/sites/default/files/documents/Ventilation-in-the-context-of-COVID-19.pdf (6.7.2020)

357 https://www.zeit.de/wissen/gesundheit/2020-06/mutationen-coronavirus-impfstoff-ansteckung-immunitaet-subtypen-medizin (3.7.2020)

358 https://www.spektrum.de/news/woher-kommt-das-coronavirus-und-was-tut-es-als-naechstes/1733810 (1.7.2020)

359 https://nextstrain.org/ncov/asia?f_region=Asia (20.6.2020)

360 https://www.cell.com/action/showPdf?pii=S0092-8674%2820%2930820-5 (3.7.2020)

361 https://www.ncbi.nlm.nih.gov/pmc/articles/PMC7184465/ (30.7.2020); http://ncirs.org.au/sites/default/files/2020-04/ NCIRS%20NSW%20Schools%20COVID_Summary_FINAL%20 public_26%20April%202020.pdf (30.7.2020); https://www. nytimes.com/2020/07/18/health/coronavirus-children-schools. html?campaign_id=154&emc=edit_cb_20200720&instance_ id=20474&nl=coronavirus-briefing&regi_id=130833466&segment_ id=33908&te=1&user_id=03040aeb83314e4fe87537433b562f5a (30.7.2020)

362 https://www.profil.at/oesterreich/franz-allerberger-corona-interview-11472377 (24.7.2020)

363 Persönliches Gespräch, 30.6.2020

364 Allerberger, persönliches Gespräch, 25.6.2020

365 https://www.ages.at/service/service-presse/pressemeldungen/ages-zur-epidemiologischen-abklaerung-des-cluster-s/ (24.7.2020)

366 https://www.ncbi.nlm.nih.gov/pmc/articles/PMC7336937/ (24.7.2020)

367 https://www.instand-ev.de/System/rv-files/340%20DE%20SARS-CoV-2%20Genom%20April%202020%2020200502j.pdf (9.7.2020)

368 https://www.derstandard.at/story/2000118910016/sars-cov-2-testen-testen-testen-eine-strategie-mit-tuecken (30.7.2020)

369 https://www.aerzteblatt.de/nachrichten/114508/Labormediziner-raten-von-flaechendeckenden-Bevoelkerungstests-ab?rt=679bb778c9 fd22fdf40041889d4dd4c4 (10.7.2020)

370 https://www.acpjournals.org/doi/10.7326/M20-1495 (7.7.2020)

371 https://www.instand-ev.de/System/rv-files/340%20DE%20SARS-CoV-2%20Genom%20April%202020%2020200502j.pdf (9.7.2020)

372 https://www.nature.com/articles/s41586-020-2196-x (8.7.2020)

373 https://allgemeinmedizin.medunigraz.at/fileadmin/institute-oes/ allgemeinmedizin/Presse/Presseaussendungen/2020/KVH_2020_ Covid-19-AK-Tests.pdf (9.7.2020)

374 https://www.i-med.ac.at/mypoint/news/746359.html (7.7.2020)

375 https://allgemeinmedizin.medunigraz.at/fileadmin/institute-oes/ allgemeinmedizin/Presse/Presseaussendungen/2020/KVH_2020_ Covid-19-AK-Tests.pdf (9.7.2020)

376 https://www.cochranelibrary.com/cdsr/doi/10.1002/14651858. CD013665/full (10.7.2020)

377 https://www.ages.at/themen/krankheitserreger/coronavirus/faq-coronavirus/ (10.7.2020)

378 https://www.medrxiv.org/content/10.1101/2020.04.23.20076042v1
(10.7.2020)

379 https://orf.at/stories/3172156/ (10.7.2020)

380 https://steiermark.orf.at/stories/3047042/ (10.7.2020)

381 https://www.aerzteblatt.de/archiv/214667/Pathologie-der-schweren-
COVID-19-bedingten-Lungenschaedigung (10.7.2020)

382 https://jamanetwork.com/journals/jama/fullarticle/2768351?guest
AccessKey=692a5e20-fdc4-45b2-bdd4-b78dfc4dcd5f&utm_
source=silverchair&utm_medium=email&utm_campaign=article_
alert-jama&utm_content=olf&utm_term=070920 (10.7.2020)

383 https://www.thelancet.com/journals/lanpsy/article/PIIS2215-
0366(20)30203-0/fulltext (4.8.2020)

384 https://academic.oup.com/brain/article/doi/10.1093/brain/
awaa240/5868408 (11.7.2020); https://www.theguardian.com/
world/2020/jul/08/warning-of-serious-brain-disorders-in-people-
with-mild-covid-symptoms (11.7.2020)

385 https://www.thelancet.com/journals/lanchi/article/PIIS2352-
4642(20)30177-2/fulltext (11.7.2020)

386 https://www.thelancet.com/journals/lanchi/article/PIIS2352-
4642(20)30175-9/fulltext (11.7.2020)

387 Persönliches Gespräch, 25.6.2020

388 https://coronavirus.jhu.edu/data/mortality (10.7.2020)

389 https://medium.com/wintoncentre/how-much-normal-risk-does-
covid-represent-4539118e1196 (11.7.2020)

390 https://www.ncbi.nlm.nih.gov/pmc/articles/PMC7327471/pdf/main.
pdf (11.7.2020)

391 Persönliches Gespräch, 25.5.2020

392 Interview ZiB2, 17.6.2020

393 http://eprints.aihta.at/1234/5/Policy_Brief_002_Update_06.2020.pdf
(30.7.2020)

394 https://www.pharmig.at/mediathek/pressecorner/oesterreich-
beteiligt-sich-an-europaweiter-medikamentenstudie/ (23.7.2020)

395 https://www.ox.ac.uk/news/2020-06-05-no-clinical-benefit-use-
hydroxychloroquine-hospitalised-patients-covid-19 (23.7.2020)

396 https://www.fda.gov/news-events/press-announcements/
coronavirus-covid-19-update-fda-revokes-emergency-use-
authorization-chloroquine-and (23.7.2020); https://eprints.aihta.
at/1234/10/Policy_Brief_002_Update_07.2020.pdf (30.7.2020)

397 https://jamanetwork.com/journals/jama/fullarticle/2768391?guestAccess Key=20ebe27b-aac8-47b0-8246-41fd8b3c65af&utm_ source=silverchair&utm_medium=email&utm_campaign=article_alert-jama&utm_content=olf&utm_term=071020 (12.7.2020)

398 https://covid-19tracker.milkeninstitute.org/ (24.7.2020)

399 ÖKZ 5–7/2020

400 https://www.addendum.org/coronavirus/lebensschutz-als-totschlagargument/?fbclid=IwAR0ai8nq_gCxKQr6SqDH0pGvgzHnQsdMjsKJIsR3hcMjgSwFZd_eBMJoA4M (30.7.2020)

401 Ellis Huber: Das Virus, die Menschen und das Leben. Online unter: https://www.praeventologe.de/hauptbeitraege-nicht-loeschen/1380-informationen-zu-corona#Corona (3.8.2020)

402 Ebd.

403 Ebd.

404 Matthias Horx: Das Leben nach Corona. Wie eine Krise die Gesellschaft, unser Denken und unser Handeln verändert, Econ: Berlin 2020

Möchten Sie mit Kurt Langbein und Elisabeth Tschachler in Kontakt treten? Wir freuen uns auf Austausch und Anregung unter
leserstimme@styriabooks.at

Inspiration, Geschenkideen und gute Geschichten finden Sie auf
www.styriabooks.at

STYRIA
BUCHVERLAGE

© 2020 by Molden Verlag
in der Verlagsgruppe Styria GmbH & Co KG Wien – Graz
Alle Rechte vorbehalten.
ISBN 978-3-222-15063-0
Bücher aus der Verlagsgruppe Styria gibt es in jeder Buchhandlung und im Onlineshop www.styriabooks.at

Mit Recherchen und Texten von:
Teseo La Marca, Bozen (Italien, Kenia, Uganda), Hyun-Chung Choi, Seoul (Südkorea) und Florian Höllerl, Wien (Viren und Korallen)

Projektleitung: Ulli Steinwender
Covergestaltung: Peter Manfredini
Layout und Buchgestaltung: Burghard List
Lektorat: Joe Rabl
Druck und Bindung: Finidr
Printed in the EU
7 6 5 4 3 2 1

VON VIREN LERNEN: CH